PESQUISA EM ENSINO E SALA DE AULA

DIFERENTES VOZES EM UMA INVESTIGAÇÃO

COLEÇÃO TENDÊNCIAS EM EDUCAÇÃO MATEMÁTICA

PESQUISA EM ENSINO E SALA DE AULA

DIFERENTES VOZES EM UMA INVESTIGAÇÃO

Marcelo de Carvalho Borba

Helber Rangel Formiga Leite de Almeida

Telma Aparecida de Souza Gracias

2ª edição
2ª reimpressão

autêntica

Dados Internacionais de Catalogação na Publicação (CIP)
(Câmara Brasileira do Livro, SP, Brasil)

Borba, Marcelo de Carvalho.
Pesquisa em ensino e sala de aula : diferentes vozes em uma investigação / Marcelo de Carvalho Borba, Helber Rangel Formiga Leite de Almeida, Telma Aparecida de Souza Gracias. -- 2. ed. 2 reimp -- Belo Horizonte : Autêntica Editora, 2024. -- (Coleção Tendências em Educação Matemática)

ISBN 978-85-513-0614-7

1. Matemática - Pesquisa 2. Professores - Formação profissional 3. Sala de aula - Direção I. Almeida, Helber Rangel Formiga Leite de. II. Gracias, Telma Aparecida de Souza. III. Título. IV. Série.

18-19325 CDD-510.72

Índices para catálogo sistemático:
1. Matemática : Pesquisa na sala de aula 510.72
2. Pesquisa em matemática na sala de aula 510.72

Iolanda Rodrigues Biode - Bibliotecária - CRB-8/10014

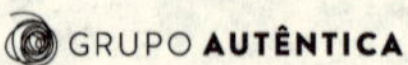

Belo Horizonte
Rua Carlos Turner, 420
Silveira . 31140-520
Belo Horizonte . MG
Tel.: (55 31) 3465 4500

São Paulo
Av. Paulista, 2.073 . Conjunto Nacional
Horsa I . Sala 309 . Bela Vista
01311-940 . São Paulo . SP
Tel.: (55 11) 3034 4468

www.grupoautentica.com.br
SAC: atendimentoleitor@grupoautentica.com.br

Nota do coordenador

A produção em Educação Matemática cresceu consideravelmente nas últimas duas décadas. Foram teses, dissertações, artigos e livros publicados. Esta coleção surgiu em 2001 com a proposta de apresentar, em cada livro, uma síntese de partes desse imenso trabalho feito por pesquisadores e professores. Ao apresentar uma tendência, pensa-se em um conjunto de reflexões sobre um dado problema. Tendência não é moda, e sim resposta a um dado problema. Esta coleção está em constante desenvolvimento, da mesma forma que a sociedade em geral, e a escola, em particular, também está. São dezenas de títulos voltados para o estudante de graduação, especialização, mestrado e doutorado acadêmico e profissional, que podem ser encontrados em diversas bibliotecas.

A coleção Tendências em Educação Matemática é voltada para futuros professores e para profissionais da área que buscam, de diversas formas, refletir sobre essa modalidade investigativa denominada Educação Matemática, qual está embasada no princípio de que todos podem produzir Matemática nas suas diferentes expressões. A coleção busca também apresentar tópicos em Matemática que tiveram desenvolvimentos substanciais nas últimas décadas e que podem se transformar em novas tendências curriculares dos ensinos fundamental, médio e superior. Esta coleção é escrita por pesquisadores em Educação Matemática e em outras áreas da Matemática, com larga experiência docente, que pretendem estreitar as interações entre a Universidade – que produz pesquisa – e os diversos cenários em que se realiza essa educação.

Em alguns livros, professores da educação básica se tornaram também autores. Cada livro indica uma extensa bibliografia na qual o leitor poderá buscar um aprofundamento em algumas tendências em Educação Matemática.

Neste livro, os autores abordam diversos aspectos da pesquisa em ensino e suas relações com a sala de aula. Motivados por uma pergunta provocadora, eles apontam que as pesquisas em ensino são instigadas pela vivência dos professores em suas salas de aulas, e esse "cotidiano" dispara inquietações acerca de sua atuação, de sua formação, entre outras. Ainda, os autores lançam mão da metáfora das "vozes" para indicar que o pesquisador, seja iniciante ou mesmo experiente, não está sozinho em uma pesquisa, ele "escuta" a literatura e os referenciais teóricos e os entrelaça com a metodologia e os dados produzidos.

Marcelo de Carvalho Borba[*]

[*] Marcelo de Carvalho Borba é licenciado em Matemática pela UFRJ, mestre em Educação Matemática pela Unesp (Rio Claro, SP) doutor, nessa mesma área pela Cornell University (Estados Unidos) e livre-docente pela Unesp. Atualmente, é professor do Programa de Pós-Graduação em Educação Matemática da Unesp (PPGEM), coordenador do Grupo de Pesquisa em Informática, Outras Mídias e Educação Matemática (GPIMEM) e desenvolve pesquisas em Educação Matemática, metodologia de pesquisa qualitativa e tecnologias de informação e comunicação. Já ministrou palestras em 15 países, tendo publicado diversos artigos e participado da comissão editorial de vários periódicos no Brasil e no exterior. É editor associado do ZDM (Berlim, Alemanha) e pesquisador 1A do CNPq, além de coordenador da Área de Ensino da CAPES (2018-2022).

Agradecimentos

Agradecemos a todos os pesquisadores abaixo que, embora não sejam responsáveis pelo conteúdo deste livro, colaboraram em alguma fase de sua elaboração com comentários e críticas.

Aparecida (Cida) Santana de Souza Chiari
Bárbara Cunha Fontes
Beatriz Litoldo
Claudinei Santana
Daise Lago Pereira Souto
Djallene Rebêlo de Araújo
Hannah Dora de Garcia e Lacerda
Jussara de Loiola Araújo
Lara Martins Barbosa
Leandro Diniz
Liara Alves Gentil
Liliane Xavier Neves
Marcelo Batista
Maria Francisca da Cunha
Nilton Silveira Domingues
Rejane Almeida
Sandro Silva
Thiago Pereira

Sumário

Prefácio à segunda edição

Em setembro de 2018 era publicada a primeira edição desta obra, com uma tiragem inicial de mil exemplares. Um livro que foi gestado e rascunhado em quatro anos. A necessidade de uma segunda edição em tão pouco tempo pode sinalizar que a proposta do livro tem despertado interesse naqueles que fazem pesquisa e/ou estão na sala de aula. A pergunta que originou este livro, "Se há tanta pesquisa em educação/ensino, por que a educação básica vai tão mal?", feita por um renomado pesquisador da Educação há cerca de dez anos, em um contexto bastante distinto do atual, ganha novos contornos.

Na verdade, em 2019, com a evolução da agenda de discussão sobre Política – com P maiúsculo – educacional, a presente obra se tornou mais atual. Há crescentes ataques à figura do professor, à educação e à pesquisa. Esses ataques são diversas vezes desprovidos de argumentos, e parecem mais desempenhar papéis na política – com p minúsculo – do que ser de fato uma defesa de que a Terra é plana, do criacionismo ou de que a educação é uma doutrinação. Esses *slogans* têm sido desenvolvidos como forma de atacar a Ciência e a Educação, buscando correlacionar esses processos com fatos isolados, o que vem ocasionar esse tipo de interpretação. A ideia de que a pesquisa é inútil, e, em particular, a pesquisa em ciências humanas, tem sido propagandeada de modo que este livro se mostra ainda mais importante.

Se é verdade que há muita pesquisa em educação e que a educação básica "vai mal", dizer que a correlação existente entre os dois fenômenos tem efeito causal não é razoável! Da mesma forma, caso se verifique que sorvetes caem no chão ao anoitecer, a causa da queda do sorvete não deve ser atribuída ao anoitecer. Assim, este livro é um antídoto para a "política de correlação rasteira" ao problematizar a relação entre pesquisa e sala de aula. A complexidade desta e sua implicação prática são trabalhadas de forma inicial e podem ser estendidas e debatidas além dos argumentos apresentados no livro.

Falsas inferências também têm sido feitas na relação entre pesquisa e sua importância. Em diversos setores, inclusive acadêmico, correlaciona-se de forma direta a importância da pesquisa ao fator de impacto. Uma pesquisa se torna importante, nessa perspectiva, dependendo de quantas vezes o artigo é citado por outros artigos, e em qual periódico ela é citada. Há ainda diversos tipos de citação, desde uma vaga referência ao trabalho, até uma pesquisa que de fato se apoia em outro trabalho e o cita. Se quisermos impacto na sociedade, nem sempre a citação em círculos nos melhores periódicos científicos será o caminho. Por outro lado, querer impacto em curto prazo para todo tipo de pesquisa é algo que já se mostrou equivocado ao longo da história da ciência.

Uma parte das reflexões acima tem sido feita de forma coletiva por meio das perguntas e dos comentários feitos por quem leu este livro, ou parte dele: são intervenções críticas de alunos de cursos de pós-graduação, graduação e iniciação científica; colegas professores de diversos níveis do sistema educacional, de congressos, lançamentos de livro, presenciais e virtuais. Tais reuniões e a própria sala de aula têm sido o palco dos encontros em que surgem questões acerca do livro. A própria noção de sala de aula tem sido objeto de debate em um momento no qual, em diversos segmentos da educação, o papel da lousa já é diferente do que era há 20 anos, e o ato de copiar a matéria já não é a atividade central. Além dos museus de matemática, já há diversos virtuais que permeiam e passam a constituir o que é a sala de aula: são videoaulas, festivais de vídeo, envolvendo estudantes e professores, ambientes virtuais, etc. Assim, a pesquisa em ensino necessita, não só buscar a relação com a sala de aula, mas também questionar de qual sala de aula estamos falando! E, é claro, observar que essa sala de aula está em movimento, conforme discutido em, pelo menos, dois outros livros da coleção Tendências em Educação Matemática.

Juntar a pesquisa dos autores – todos investigadores da relação entre tecnologias digitais e educação – com o tema deste livro poderia impulsionar uma metapesquisa ou até gerar outro livro, mas, certamente, não é essa a intenção para o momento. Mas parece segura a importância de se continuar o debate que dá título a este livro, seja pela importância de se explicar à sociedade, de uma forma geral, a importância da pesquisa, seja pelas mudanças da própria sala de aula, cada vez mais permeada pela internet e que já não se limita a quatro paredes.

Esperamos que o leitor desta segunda edição, revisada e levemente ampliada, continue a gerar uma versão personalizada desta obra, com comentários, críticas, subtrações e adendos.

Marcelo de Carvalho Borba
Helber Rangel Formiga Leite de Almeida
Telma Aparecida de Souza Gracias

Prefácio

Se a carreira de uma cientista começa no seu estágio de iniciação científica, sou cientista há 41 anos, desde o primeiro ano da faculdade. Mas apesar de ter entrado entre as 20 primeiras colocadas no vestibular de Medicina de uma das universidades mais concorridas do meu tempo de juventude, entrei carregando o peso de ter tirado uma péssima nota em Matemática. Sim. Matemática era o meu maior terror. Apesar de estudar muito, de fazer todos os exercícios de todas as apostilas e livros, eu não tinha compreensão, nem entendimento dos processos matemáticos. Minha formação havia sido toda baseada na memorização de fórmulas, dicas, e por vezes em alguma lógica. Os resultados dos exames eram um verdadeiro futebol, pois dependiam mais da boa memória do dia do que do conhecimento que eu tinha. Uma vez, já adulta, lendo com minha filha uma revista, *Ciência Hoje das Crianças*, descobri por que o número π (pi) era igual a 3,1416...: bastava medir qualquer circunferência e dividir por seu diâmetro, e o resultado era esse. Como uma mágica. Não importava qual a circunferência, se uma roda de carro, um fundo de caneca ou o aro de uma bicicleta. Medimos juntas todas as circunferências da casa e fizemos as contas. Batata: 3,1416. Por que nunca tinham me ensinado isso na escola? Por que tive que decorar? E por que nunca me esclareceram por que um número era representado por uma letra, e ainda mais uma letra grega, e não russa ou chinesa? Quantas perguntas simples e loucas eu poderia ter feito se a Matemática me tivesse sido apresentada de outra maneira? Será que eu teria gostado mais de Matemática? Será que eu teria tido um melhor desempenho nos exames de Matemática?

O pedido de Marcelo Borba, meu companheiro de INCT e de Coordenação da Área de Ensino na CAPES, para que eu escrevesse o prefácio de seu livro escrito em coautoria com Helber Almeida e Telma Gracias, vindo de um grupo de pesquisa em Educação Matemática, abriu em minha mente um portal para essas lembranças. Como prefaciar um livro sobre Educação Matemática estando tão distante desse campo e com memórias tão pouco agradáveis sobre a Matemática em minha vida?

Bem, uma tarefa inicialmente difícil, quase impossível, tornou-se factível na medida em que fui lendo este delicioso livro *Pesquisa em ensino e sala de aula: diferentes vozes em uma investigação*. Já fiquei fascinada pelo título, que não me apresentava direto à Matemática, mas sim a relação entre a pesquisa em ensino e a sala de aula. E me antecipava que iria usar a sala de aula como cenário central, tanto do desenvolvimento da pesquisa como de realização do trabalho educacional do professor. Seria essa sala de aula diferente daquela que eu conheci, que trabalhava no fundamento da memorização e da repetição?

Se o leitor for um "perguntador" compulsivo como sou, também vai se deliciar com este livro. Há duas perguntas centrais que posteriormente são trabalhadas ao longo de todos os capítulos: A produção científica traz ou não mudanças para a sala de aula? A sala de aula ouve a pesquisa? A partir delas, muitas outras vão surgindo: O que é possível fazer na pesquisa e o que não é? Há diferenças entre uma metodologia de ensino e uma metodologia de pesquisa em ensino? O professor sabe sobre isso? Quais os "experimentos" de ensino que podem ser feitos dentro e fora da sala de aula? E se na sala de aula estão grupos de pessoas, como são feitas as pesquisas em grupos? A pesquisa é um ato individual ou coletivo? O que são pesquisas colaborativas? O que são pesquisas em grupo? O que é um grupo de pesquisa? Como a pesquisa estrutura os Programas de Pós-Graduação? E qual o papel dos encontros e congressos científicos na pesquisa em ensino? E onde a pesquisa é publicada? Qual a diferença entre publicar em periódicos ou em livros?

A leitura dos três primeiros capítulos permite um passeio (ou um devaneio?) por essas questões. Mas em seguida os autores mergulham no próprio processo da pesquisa, como se organiza o projeto, o trabalho, o referencial teórico, a revisão de literatura, a metodologia de pesquisa, a coleta e a análise de dados para a gênese de resultados, com ou sem algum produto educacional associado. E disso tudo concluem sobre as "vozes" ouvidas pelo pesquisador durante a pesquisa em ensino. Quais são? O que dizem?

Os autores conseguem enfrentar uma pergunta que todo pesquisador em ensino já ouviu: se há tanta pesquisa em Educação no Brasil, por que a Educação não melhora em nosso país? E dizem que tal pergunta vem sendo utilizada como uma "arma" contra a comunidade que desenvolve pesquisas em Educação, muitas vezes justificadas apenas por dados quantitativos, inclusive questionáveis. Defendem a tese de que "a relação entre pesquisa e prática é bastante complexa e que, no terreno da Educação, pesquisas teóricas ou práticas envolvem as relações humanas entre diversos atores, o que não permite que um resultado seja controlado". E defendem também uma segunda tese: "Uma tese de doutorado, ou até mesmo um conjunto de dissertações, teses, artigos e livros científicos vinculados a um projeto de pesquisa não estão prontos para transformar a sala de aula. Mudar esse ambiente tradicional, ou mudar a escola, é algo muito mais complexo do que uma investigação realizada em um Programa de Pós-Graduação". Portanto, segundo os autores, as pesquisas por si só não seriam capazes de transformar a sala de aula, outros *lócus* educacionais ou o cotidiano da Educação. Mas apesar disso têm influências na prática. Por quê?

Todos esses temas são abordados de forma leve e direta, com base na experiência dos autores e de seu próprio grupo de pesquisa em Educação Matemática. E assim, a leitura do livro foi-me abrindo uma perspectiva de reconciliação com a Matemática e, quiçá, de imaginação de pesquisas transdisciplinares integrando as temáticas deste grupo com as trabalhadas pelo meu próprio grupo. E aqui, corroboro integralmente com a tese dos autores: a pesquisa colaborativa, em rede e em grupos, é muito, muito poderosa.

Este livro permite um passeio por tais ideias e uma entrada por esse portal da pesquisa em ensino e sua relação com a sala de aula. Estou certa que o leitor desfrutará dele tanto quanto eu desfrutei por ter acesso privilegiado para a redação deste prefácio. Bem-vindo a esse portal de abertura à imaginação e à sensibilidade, caro leitor.

Tania Cremonini de Araújo-Jorge[1]
Rio de Janeiro, 18 de junho de 2018

[1] Tania Cremonini de Araújo-Jorge é médica, com pós-doutorado em Biofísica, e pesquisadora da Fiocruz desde 1983. Atua nas áreas de inovações em doenças negligenciadas, farmacologia aplicada e ensino de ciências, com foco em criatividade e no conceito interdisciplinar de CienciArte.

Introdução

Se há tanta pesquisa em Educação no Brasil, por que a Educação não melhora em nosso país?

Antes de considerarmos possíveis respostas para essa pergunta, constatemos que, de fato, há um número considerável de pesquisas em Educação. Uma busca breve, realizada na Biblioteca Digital Brasileira de Teses e Dissertações (BDTD),[2] indica a conclusão de mais de 30 mil dissertações de mestrado e teses de doutorado entre os anos 1997 e 2017, quando colocamos no campo de buscas a palavra-chave "Educação". Esse número é mais do que o dobro do ocorrido nos dez anos anteriores. Talvez uma das explicações para tal crescimento seja a criação da Área de Ensino na CAPES na virada do século e o contínuo crescimento, tanto da Área da Educação, como da Área de Ensino. Tais áreas podem ser consideradas como áreas "irmãs", já que lidam com Ensino, Aprendizagem e Educação em diversas dimensões.

Por outro lado, é verdade também que quase todos – alunos, professores, pais, gestores, políticos – apontam que há problemas na Educação brasileira, em particular, no nível básico. Uns usam os discutíveis rankings de países para apoiar seu desconforto. O raciocínio é baseado na seguinte lógica: o Brasil não está bem colocado no PISA[3]

---

[2] Disponível em: <http://bdtd.ibict.br/vufind/>. Acesso em: 7 maio 2018.

[3] Performance do Brasil no PISA 2015. Disponível em: <http://www.compareyourcountry.org/pisa/country/BRA?lg=en>. Acesso em: 7 maio 2018.

e, portanto, isso "mostra" que a Educação está ruim e, também, que as pesquisas da Área de Educação e Ensino não atingem seus objetivos. Outros usam análises qualitativas feitas em dissertações e teses das Áreas de Ensino, Aprendizagem e Educação para apontar o descompasso da escola com as demandas da sociedade por uma democracia econômica em nosso país. Testes de diversas naturezas são utilizados também para justificar tal ideia, mas não cremos que ninguém diria – com exceção de pequenos bolsões formados, por exemplo, pelos Institutos Federais de Educação – que a educação básica vai mal e está apoiada demasiadamente em apostilas que visam apenas a testes. Ou seja, a afirmativa de que a "Educação vai mal" pode estar correta, mas não devido ao resultado de testes que não foram feitos para ranquear países, como o PISA, ou por causa da pesquisa, conforme vamos argumentar.

Então voltemos à pergunta inicial: Se há tanta pesquisa em Educação no Brasil, por que a Educação não melhora em nosso país?

Perguntas desse tipo vêm sendo utilizadas como "armas" contra a comunidade que desenvolve pesquisas em Educação, muitas vezes justificadas apenas por dados quantitativos, como os que acabamos de mencionar. Talvez a ideia que está por trás delas seja a de considerar as pesquisas como pouco eficazes ou ineficientes para a sala de aula.

Para uma crítica rasteira, conseguiríamos fazer algumas considerações irônicas. Poderíamos dizer, por exemplo, que a pesquisa nas áreas médica e econômica também não surtem tanto efeito assim, se tomamos argumentos análogos referentes à qualidade do atendimento em saúde e à desigualdade econômica no país. Outro exemplo seria a pesquisa em ciência política, um caso à parte, cuja discussão requereria uma bela mesa de bar!

Se evitarmos respostas rápidas e perguntas ligeiras, além de ironias indicando que aquilo que é pedido para a pesquisa em Educação não é razoável, veremos que a relação entre pesquisa e prática é bastante complexa. Mais ainda, no terreno da Educação – ou mesmo se focarmos em uma pesquisa voltada para o ensino, diretamente vinculada à prática –, as relações são humanas e envolvem diversos atores, o que não permite que um resultado seja controlado.

Diferentemente de uma pesquisa sobre a melhor semente de milho para um determinado solo, onde as variáveis que se devem controlar estão fundamentalmente relacionadas ao clima, uma pesquisa em Educação envolve seres humanos e não humanos, e faz parte de um cenário com muitas e complexas variáveis. Nem vamos entrar aqui no debate sobre pesquisa em agricultura, para não incorrermos no mesmo erro que apontamos há pouco, ou seja, fazer uma crítica desleal. Porém, podemos considerar que, mesmo em tempos de aquecimento global, não ter humanos envolvidos no objeto estudado permite que aplicações sejam feitas de forma mais direta.

Então por que se pesquisa "tanto" em Educação?

Acreditamos que seja porque muitas interrogações ainda precisam ser respondidas. E de onde, geralmente, nascem essas interrogações?

Consideramos que as interrogações nascem da sala de aula. No entanto, uma tese de doutorado, ou até mesmo um conjunto de dissertações, teses, artigos e livros científicos vinculados a um projeto de pesquisa não estão prontos para transformar a sala de aula. Mudar esse ambiente tradicional, ou mudar a escola, é algo muito mais complexo do que uma investigação realizada em um Programa de Pós-Graduação, mesmo que seu objeto de pesquisa seja o ensino de determinado conteúdo de uma disciplina do ensino médio, por exemplo.

As pesquisas por si só não são capazes de transformar a sala de aula, outros *lócus* educacionais ou o cotidiano da Educação. Contudo, elas têm influências na prática. Por quê?

Essa questão é discutida no primeiro capítulo. Note que, no capítulo 1, assim como em todo o livro, nosso foco são as pesquisas qualitativas, mas também destacamos a maneira como ela se relaciona em alguns momentos com as quantitativas. Não iremos entrar aqui na discussão acerca das características das pesquisas qualitativa e quantitativa. Tal discussão é feita por diversos autores, como Goldenberg (1999), Bogdan e Biklen (1994) e Bicudo (2004).

A última autora, por exemplo, apresenta um estudo etimológico das palavras "qualitativo" e "quantitativo" e, segundo o ponto de vista fenomenológico, apresenta pontos que aproximam e afastam essas duas vertentes.

Assim como D'Ambrosio (2004), entendemos que as linhas de pesquisa qualitativa são representativas do que de importante vem sendo feito no Brasil em Educação Matemática. Então, com nossa atenção voltada a essa vertente, no capítulo 1 consideramos possíveis caminhos da pesquisa até a sala de aula, argumentando que eles têm que dialogar com políticas públicas ou com "microtransformações" nesse ambiente.

No segundo capítulo, tratamos de metodologia de ensino e metodologia de pesquisa e discutimos duas abordagens de pesquisa qualitativa, que são o experimento de ensino e a pesquisa colaborativa. O experimento de ensino é apresentado como uma maneira de estar em sala de aula, mesmo fora dela. O debate sobre pesquisa qualitativa se inicia com uma breve dispersão semântica sobre o tema e engloba a análise da falência dos modelos *top-down* (de cima para baixo), que estabelecem uma relação de hierarquia entre o professor da universidade, geralmente o pesquisador, e o professor da escola, colocado como integrante da pesquisa e, muitas vezes, coadjuvante do processo efetivo de investigar e pesquisar. Também buscamos elementos que permitam compreender como a transformação no próprio processo de construção de conhecimento em ambientes educacionais pede visões teórico-metodológicas que contemplem tais mudanças.

A pesquisa é um ato individual ou coletivo? Buscamos possíveis respostas para essas perguntas no terceiro capítulo. Nele, discutimos se a participação dos pesquisadores em grupos de pesquisa e em encontros científicos influencia o modo que se faz pesquisa. Também consideramos o papel dos Programas de Pós-Graduação, do orientador e dos periódicos e livros na formação do pesquisador, e também na formação de uma área de conhecimento.

No quarto capítulo, discutimos como uma pesquisa, com finalidades consistentes como as apresentadas nos capítulos iniciais deste livro, pode ser/estar organizada. Qual a importância da pergunta de pesquisa, da revisão da literatura, do referencial teórico? E como fica a metodologia de pesquisa? O que um pesquisador iniciante deve fazer primeiro? Qual é o "caminho das pedras"? Ou melhor, existe um "caminho das pedras"? Tal discussão é feita a partir da ideia de vozes na pesquisa qualitativa: a voz da literatura, a voz do autor do texto, a voz dos dados produzidos, e de como essas vozes se entrelaçam em uma pesquisa que visa à sala de aula.

Finalmente, no capítulo 5, retomamos questionamentos iniciais e apresentamos outros. O leitor notará que, embora diversos exemplos apresentados sejam da Área da Educação Matemática dada a formação dos autores, consideramos este um livro de Ensino de Educação, pois não há especificidades no tratamento feito.

Cabe, então, esclarecer aqui que embora este livro tenha três autores, ele é fruto de interações diversas. Aparecida (Cida) Santana de Souza Chiari e Hannah Dora de Garcia e Lacerda já foram autoras em rascunhos de capítulos deste livro, e alguns trechos desses rascunhos permaneceram na versão final. Vários alunos da disciplina Metodologia de Pesquisa Qualitativa do Programa de Pós-Graduação em Educação Matemática (PPGEM) da Universidade Estadual Paulista (UNESP) de Rio Claro, em particular os alunos da turma de 2017, contribuíram em uma das inúmeras vezes que este livro "estava terminando". Membros do Grupo de Pesquisa em Informática, outras Mídias e Educação Matemática[4] (GPIMEM) também discutiram uma versão e colaboraram com comentários. Há também as diversas vozes de alunos, colegas e participantes de diversas conferências dadas, em particular pelo primeiro autor do livro. Foram em todas essas interações que diferentes vozes – as da literatura, as dos colegas mais próximos e dos participantes eventuais – impregnaram nossas mentes com ideias que se materializaram neste texto do qual somos os autores.

[4] Grupo de Pesquisa em Informática, outras Mídias e Educação Matemática, coordenado pelo primeiro autor deste livro. O GPIMEM está sediado no Departamento de Matemática da Universidade Estadual Paulista - UNESP - de Rio Claro, SP, cadastrado no CNPq. Home page: <http://igce.rc.unesp.br/#!/gpimem>.

Capítulo I

A produção científica traz ou não mudanças para a sala de aula?

As pesquisas na Área de Ensino e Educação são, em geral, originadas por inquietações que nasceram em sala de aula. Elas são impulsionadas por problemas diversos e por questões a serem discutidas, investigadas e modificadas, cujos objetivos podem envolver a compreensão histórica como se dão [ou não] as mudanças na sala de aula, analisar as relações existentes nesse contexto e até propor metodologias diferenciadas para colaborar com o ensino e a aprendizagem escolar.

Tais questões, na perspectiva da Metodologia de Pesquisa Qualitativa,[5] são construídas a partir das "relações que têm significado para o pesquisador" (Javaroni; Santos; Borba, 2011, p. 198). Devemos, inclusive, realçar que o pesquisador está em um contexto e, portanto, o seu desejo é também fruto de um desejo e de pressões sociais, ou mesmo induzido por políticas públicas que clamam por um determinado tipo de pesquisa. Um exemplo de como esses aspectos se relacionam foi a invasão dos computadores no cotidiano da população no final da década de 1990, que, precedida pelo início de políticas públicas voltadas ao uso dessas "máquinas" no ambiente escolar e uma infinidade de perguntas que acompanhavam esse movimento, disparou, como esperado, uma grande quantidade de pesquisas que abordaram a temática.

[5] Ressaltamos aqui nossa opção por discutir questões referentes à Pesquisa Qualitativa, por entendermos Metodologia de Pesquisa como uma interlocução entre visão de conhecimento do pesquisador e os procedimentos metodológicos por ele adotados. Dessa forma, a partir de um panorama amplo sobre várias tendências da Pesquisa Qualitativa, não vamos nos ater em discutir pesquisas experimentais clássicas.

As perguntas de pesquisa surgem, então, de indagações e questionamentos de um pesquisador, que faz parte de um contexto social e político. O pesquisador está em busca de realizar um trabalho que seja, de certa forma, importante para a comunidade acadêmica ou escolar, afinal:

> Pesquisar configura-se como buscar compreensões e interpretações significativas do ponto de vista da interrogação formulada. Configura-se, também, como buscar explicações cada vez mais convincentes e claras sobre a pergunta feita. Essas configurações delineiam seus contornos conforme perspectivas assumidas pelo pesquisador (Bicudo, 1993, p. 18).

Então, como pensar em uma pesquisa, quer seja da educação básica, do ensino superior ou da pós-graduação, que não tenha como objetivo, mesmo que de forma não explícita, causar certo impacto na sala de aula?

Se considerarmos no caso da Matemática, podemos dizer que muitos alunos continuam repetindo o discurso de que a disciplina é chata e difícil, que é compreendida somente pelos inteligentes. Vários outros adjetivos pejorativos são utilizados, mesmo que muitas pesquisas nessa área tenham sido realizadas com o foco voltado para alternativas às aulas tradicionais da disciplina, aquelas em que o giz e a lousa são os principais agentes.

Como exemplos de pesquisas nessa área, podemos citar as que tinham o objetivo de verificar as possibilidades do uso de calculadoras nas aulas, que envolviam tanto as calculadoras simples como as calculadoras gráficas (Scucuglia, 2006; Selva; Borba, 2010). Também há aquelas em que os jogos educativos eram os principais personagens (Barreto; Nascimento, 2014) ou as que buscavam investigar características da aprendizagem de Matemática para alunos com deficiências visuais (Calore, 2006).

Fora da área da Matemática, há diversos outros exemplos, como as pesquisas que investigaram as possibilidades do uso de laboratórios virtuais para o ensino de Ciências. Em Nunes *et al.* (2014), por exemplo, os participantes da pesquisa eram graduandos em Química. Os estudantes consideraram a abordagem válida, instigante, com um maior grau de interatividade e comunicabilidade, além de proporcionar a visualização prática dos experimentos químicos.

E como não destacar pesquisas que tinham como foco o uso de computadores, equipamentos de sensoriamento remoto ou GPS no ensino de Geografia? Uma quantidade razoável de escolas públicas e privadas já conta com um acervo de recursos disponíveis, seja por meio da internet ou de outro meio eletrônico, com imagens de satélites artificiais que podem ser adquiridas em tempo real. Tais imagens permitem que o professor de Geografia fomente o entendimento de situações mais complexas sobre as relações que existem entre aquilo que acontece no dia a dia, no lugar em que se vive, e o que se passa em outros lugares do mundo (Di Maio; Setzer, 2011).

Independentemente da área, esses exemplos mostram um movimento de busca por modelos que fujam do convencional giz e lousa. Talvez a busca por metodologias de ensino diversificadas para ensinar uma variedade de conteúdos escolares esteja associada à sensação que os educadores têm de estar aparentemente "perdendo" seus alunos para o mundo externo à sala de aula. No caso da Matemática, ainda existe a dificuldade de romper com o ciclo de "matematicafobia". Por exemplo, é comum ver alunos chegarem às graduações em Engenharia dizendo odiar Cálculo, o que aponta para certa incoerência, em virtude da grande quantidade de conteúdos matemáticos estudados nesses cursos. Há também professoras dos anos iniciais do ensino fundamental e licenciadas em Pedagogia com atitude negativa em relação à Matemática, contribuindo para a disseminação desse medo da disciplina.

A dissertação de Lacerda (2015) aborda essa questão. A autora dedicou-se a discutir a transformação da Imagem Pública da Matemática a partir de atividades envolvendo a elaboração e a escrita de uma peça teatral por alunos de oitavo e nono anos de uma escola pública. Entre outros resultados, a pesquisadora identificou que o trabalho com o teatro pode modificar o discurso dos alunos em relação à Matemática, possibilitando uma relação mais harmoniosa.

Gregorutti (2016), por sua vez, tinha como foco a noção de Performances Matemáticas Digitais (PMDs). As PMDs podem ser entendidas como narrativas multimodais compostas por, além da escrita, "vídeos, imagens, desenhos, simulações em flash, sons, discursos, gestos e outros elementos que compõem designs multimodais" (Scucuglia, 2012, p. 18, tradução nossa). Gregorutti (2016) investigou o papel das Artes e das Tecnologias Digitais no processo de construção de imagens sobre a Matemática a partir de um trabalho de produção de PMDs por futuros professores de Matemática. Como resultado, o pesquisador indicou potencialidades dessa abordagem, que possibilita a construção de imagens mais flexíveis e criativas da Matemática.

Vemos, portanto, exemplos de modelos que podem ser considerados como inovadores, mas eles chegarão à sala de aula?

Um primeiro aspecto a se considerar é que boa parte deles já nasceu na sala de aula. Então, o que fica difícil conjecturar é se teremos teatro e poesia em uma aula de Matemática de forma contínua em um futuro breve ou distante. Primeiramente, porque vemos que pesquisas como as mencionadas acima podem ter um papel no longo prazo, desenvolvendo-se de forma gradual, ganhando adeptos a partir da divulgação dos seus resultados, e também incentivando pesquisas semelhantes, que busquem mostrar aspectos prazerosos da Matemática. É necessário estudar e buscar modificar um discurso presente nas instituições educacionais e incentivado até por professores de Matemática, de que a Matemática é inatingível, que é para poucos, gera sofrimento, etc.

Criar discursos alternativos é parte da difícil missão de fazer com que a pesquisa chegue à sala de aula... e lá se concretize, trazendo mudanças duradouras, quer seja na área da Matemática ou em qualquer outra. Assim, ressaltamos a importância de se considerar que há um contexto social, em diversos países, inclusive no Brasil, que contribui para que as pesquisas e outros tipos de conhecimento tenham seu acesso à sala de aula bloqueado.

A sala de aula ouve a pesquisa?

Se há uma pesquisa sobre o ensino de frações, então todos os alunos deveriam saber como compreender e operar corretamente com frações, certo?! Entendemos que não. Este aforismo só poderia ser considerado razoável se pensássemos o aluno como algo isolado de um contexto social ou político, que pudesse ser influenciado diretamente por uma única variável: a produção científica. Além disso, não há pesquisa que englobe toda a diversidade de alunos, contextos, ainda mais em um país onde só nos últimos 50 anos houve um crescimento maior na pesquisa em ensino e educação.

Em Matemática, há as noções de função, variável independente e variável dependente, que estabelecem uma relação de causa e efeito, como no diagrama a seguir:

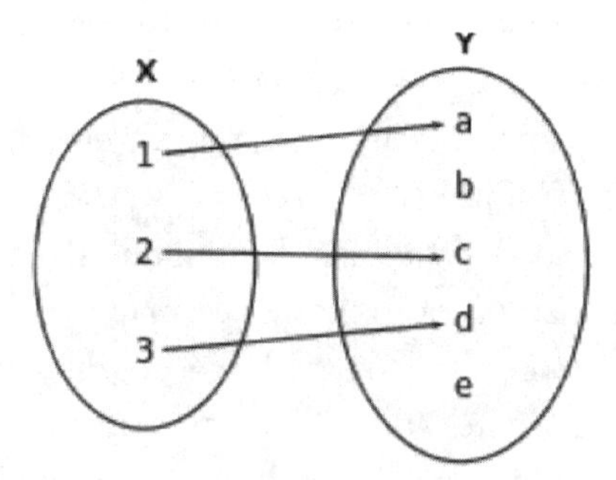

Figura 1: Função

Na Figura 1, temos a representação de uma função que a cada variável independente em X associa uma única variável dependente em Y. Nesse caso, se em *X* acontece *1*, consequentemente nossa função resultará em *a*; se acontece *2*, então teremos *c*; e assim sucessivamente. Seria então o aprendizado determinado por uma função em que, a partir da finalização de uma pesquisa, todos os problemas ali discutidos fossem solucionados?

Aprendizado é algo complexo e possui várias variáveis, além do que elas se comportam de forma diferente em cada caso. As condições das escolas públicas são péssimas, em geral, e não há nenhum programa de revitalização dos seus espaços. Além disso, o estado mais rico do país, assim como outros, não cumpre vários aspectos da lei do piso salarial dos professores que, em 2017, alcançou algo em torno de 2,5 salários mínimos (Portal Brasil, 2017). Esse salário já não atrai jovens pela profissão, o que, entre outros aspectos, tem colaborado com a falta de professores em todo o Brasil.

Se não bastasse o baixo salário, em diversos estados o pagamento de tempo para corrigir provas e preparar aula não é respeitado. E notem que, nesses casos, o Ministério Público e a Justiça em geral nada fazem para que essa lei seja, de fato, cumprida. Quando o fazem, acontece lentamente, e já há agora quem proponha o fim desse piso, ou seja, há aqueles que defendem que o piso salarial, já baixo e não satisfatório, deixe de existir!

É natural que as pessoas que vivem em uma sociedade capitalista, inclusive os professores, se preocupem com o valor dos salários para que possam ser capazes de sobreviver. Assim, não é raro o professor que tem que lecionar 40, 50 ou 60 horas/aulas semanais, transitando entre duas ou três escolas, às vezes até em municípios diferentes. Como conseguir, então, que esses professores leiam pesquisas, compreendam seus resultados e os utilizem em suas salas de aula?

Relacionada ao aspecto salarial, está a questão do *status* de "ser professor". De maneira geral, os pais querem que seus filhos tenham os melhores professores. Na pós-graduação, os discentes buscam ser orientados pelos docentes com maior prestígio na sua área de interesse. No entanto, muitos pais não desejam que seus filhos se tornem professores, inclusive os pais que são professores. Junto à sociedade, ser professor, principalmente do ensino básico e público, remete a um *status* de baixo escalão, ao qual são relacionados estereótipos ligados aos baixos salários e à falta de infraestrutura das escolas.

Dessa forma, em busca de maior prestígio e por questões salariais, boa parte dos bons professores, depois de investir em formação no nível de pós-graduação, deixa o ensino básico e assume postos no ensino superior. Os Institutos Federais (IF), com rede expandida nos últimos 10 anos, por sua vez, têm sido uma opção de salários mais justos para professores ali lotados e apresentam qualidade de ensino. Como provável consequência, os resultados do Exame Nacional do Ensino Médio (ENEM) indicam que os índices dos IF brasileiros estão acima da média nacional.[6]

Também podemos considerar o currículo dos cursos universitários, seja ele dos cursos de Pedagogia ou Licenciaturas. As disciplinas previstas nesses cursos muitas vezes não fomentam discussões a respeito da dinâmica das dificuldades de sala aula em

[6] Disponível em: <http://portal.inep.gov.br/web/guest/enem-por-escola>. Acesso em: 11 jan. 2018.

contraponto com as propostas desenvolvidas em pesquisas nos níveis de mestrado e doutorado. Também existem falhas nos estágios supervisionados, que não raramente têm parte das horas cumpridas na própria Instituição de Ensino Superior (IES) com discussões teóricas a respeito das práticas pedagógicas, em vez de 100% da carga horária em escolas de educação básica. Mas isso, ninguém assume.

Na verdade, se olharmos para os cursos de Pedagogia, considerando o exemplo da Matemática, perceberemos que na maioria deles existe apenas uma disciplina, ao longo dos quatro anos de curso, que trata de discutir metodologia de ensino de Matemática, como é o caso do curso de Pedagogia da Universidade Federal do Paraná. O mesmo acontece na Universidade Estadual Paulista (UNESP), câmpus Rio Claro, que possui apenas uma disciplina que se dedica a essa discussão: Conteúdo, Metodologia do Ensino de Matemática. E isso não acontece apenas com a Matemática. Ocorre também com Geografia, História, Arte, Educação Física, Língua Portuguesa e Ciências da Natureza. Solucionar tal problema não é fácil, visto que implicaria um grande aumento na carga horária. De todo modo, temos que observar que o primeiro contato de uma criança com cada uma dessas disciplinas é nos anos iniciais do ensino fundamental, que tem como docentes pedagogos, os quais são profissionais com uma grande lacuna no que diz respeito à sua formação teórica e prática. Como ensinar o conceito de número, as quatro operações básicas e ainda ser protagonista no encaminhamento do processo de leitura e interpretação de problemas, se esses profissionais não conhecem a estrutura dessas operações e, muitas vezes, não possuem uma visão de como será o desenvolvimento da disciplina ao longo dos outros anos escolares? Ou seja, é natural nos depararmos com crianças que iniciam suas vidas escolares apaixonadas pela Matemática e, aos poucos, vão perdendo o encanto, devido ao fato de ela ser lecionada por professores que se veem limitados para ensinar certos conteúdos dessa disciplina.

Para agravar a situação, independentemente do que dizem as pesquisas e do esforço para valorizar a Educação Matemática, a imagem pública da Matemática não é boa (Borba; Scucuglia; Gadanidis, 2018). Há pessoas que se sentem envergonhadas de dizer que não dominam o português e, portanto, não dominam a escrita; outras lamentam não saber inglês; mas com a Matemática a situação é distinta: parece que existe uma sensação de orgulho quando, em uma mesa de bar, de restaurante, ou mesmo na sala de aula, alguém diz "eu não sei nada de Matemática"!

E então nos deparamos com a tão comentada falta de entrelaçamento entre teoria e prática nos cursos de Licenciatura, onde geralmente as disciplinas são separadas entre pedagógicas e "específicas". Acreditamos que já passou da hora de discutirmos a estrutura desses cursos que não se propõem a abordar como os conceitos trabalhados nas aulas de Cálculo, de Análise e de Álgebra se relacionam com o ensino da Matemática escolar.

Além disso, a IES poderia ser um espaço em que os futuros professores entrassem em contato com as pesquisas realizadas na sua área, de forma a compor sua bagagem teórica e de práticas pedagógicas a partir da investigação de outros profissionais. Devemos então buscar novas formas de divulgar os resultados das pesquisas acadêmicas nos cursos de Licenciatura! Esta questão poderia contribuir com a inexperiência dos professores recém-formados. No início da carreira, muitas vezes nos deparamos com situações difíceis em sala de aula, tanto de gerenciamento como de conteúdo, que apontam para dificuldades de ensino e aprendizagem. Um dos objetivos das diversas pesquisas na Área da Educação e do Ensino, de cada uma das matérias escolares, é suprir essa necessidade dos professores e apontar possibilidades de transformação. Além disso, os professores formadores precisariam ter uma prática pedagógica diferenciada nas salas de aulas das IES, o que seria um exemplo para o aluno, futuro professor, de como ser diferente e fazer a diferença. A vivência escolar aponta que os professores reproduzem a forma como aprenderam, então os professores-formadores são os primeiros que precisariam mudar (e eles têm acesso às pesquisas da área), apresentando alternativas metodológicas para o processo de ensino e aprendizagem de Matemática. Há também, portanto, a necessidade de compromisso do professor com o processo de ensino e aprendizagem e um desejo de mudança.

Agora voltemos a considerar a noção matemática de função a uma variável. São tantas as questões relacionadas aos contextos educacionais, que vão além dos políticos e dos sociais, que tal relação claramente não se aplica à que existe entre pesquisa e sala de aula. Se insistíssemos em utilizar função para descrever tal relação, teríamos que considerar uma função de várias variáveis, $f(x, y, z, w, \ldots) = t$, onde as outras variáveis seriam o salário dos professores, o *status* social deles, as condições físicas das escolas, entre outras. Dessa forma, a pesquisa é apenas um componente do que pode influenciar as transformações da sala de aula.

Então, se há fatores preponderantes impedindo que pesquisas e seus resultados cheguem à sala de aula e a outros ambientes educacionais, por que a insistência em pesquisar?

Possibilidades e impossibilidades da pesquisa

Apesar de todas as questões que acabamos de levantar, é importante considerar a existência de indícios de que pesquisas chegam à sala de aula. Um exemplo é o Programa Institucional de Bolsa de Iniciação à Docência (PIBID), proposto e financiado pela Coordenação de Aperfeiçoamento de Pessoal de Nível Superior (CAPES)/MEC. Esse programa, além de ser uma política de valorização e incentivo à docência, possibilita que as pesquisas acadêmicas cheguem às salas de aula. Esse caminho é viável devido à forma como é organizado, com um professor-coordenador da IES e um professor-supervisor da escola de educação básica onde o programa se desenvolve, que se reúnem semanalmente com os pibidianos (licenciandos) para discussões teóricas/de pesquisas da área e para planejamento de ações práticas/pedagógicas em sala de aula (Bahia; Souza, 2017; Kluth, 2017).

O PIBID foi se "constituindo como uma ação de melhoria do processo formativo de estudantes dos cursos de licenciatura em diversas áreas" (Silveira, 2016), além de proporcionar formação continuada para professores da escola básica e do ensino superior, que, juntamente com os licenciandos, recebem bolsas para desenvolver um trabalho em parceria. No entanto, o programa, que é fruto da implementação de políticas públicas com base em pesquisas educacionais, tem sofrido grandes mudanças no último ano. Com cortes do orçamento nacional, o PIBID:

> [...] deixará de ser uma atividade que tem como foco a formação de professores e passará a ser uma ação que dá suporte às escolas, por meio de atividades de monitoria e de reforço escolar. Não obstante, secundarizará o papel do supervisor, aumentará sua função no programa, sobrecarregará os docentes universitários triplicando o número mínimo de estudantes para o acompanhamento. Manter o nome "Pibid", porém, alterar seu escopo é, igualmente, matá-lo (Silveira, 2016).

Como educadores, lutamos por políticas públicas como essa, que possam ser um elo entre a universidade e a escola, que sejam um *lócus* acentuado de produção de conhecimento e um espaço para a divulgação e, de certa forma, aplicação das pesquisas acadêmicas. No entanto, em meio a crises políticas e econômicas, um programa que mostra resultados efetivos e tem contribuído tanto para a formação de professores quanto para a própria educação básica, é prontamente prejudicado. Qual é o nosso papel nessa decisão? Que voz temos nós, educadores e alunos, frente às decisões políticas que nos atingem diretamente? A sociedade civil, ou seja, associações como a SBEM,[7] a ANPEC[8] ou a ANPEd,[9] tem conseguido interferir na implementação de políticas públicas? Por outro lado, será que há associação de educadores que priorizem a intervenção na escola básica, em uma busca de fazer a pesquisa chegar à sala de aula, também por esse caminho?

O PIBID, de certo modo, foi baseado em pesquisas que apontavam a necessidade de o professor, como licenciando, estar integrado à escola em sua formação. O PIBID também é (ou foi) um importante canal de entrelaçamento da pesquisa. Licenciandos buscam, na pesquisa, alternativas para suas práticas em conjunto com os professores da escola. Por outro lado, eles trazem da escola preocupações e a própria vivência. Tais preocupações e vivências já chegam aos cursos de pós-graduação pelos próprios ex-pibidianos, assim como pelos

[7] SBEM: Sociedade Brasileira de Educação Matemática. Disponível em: <http://www.sbembrasil.org.br/sbembrasil>. Acesso em: 16 maio 2018.

[8] ANPEC: Associação Nacional dos Centros de Pós-Graduação em Economia. Disponível em: <http://www.anpec.org.br/novosite/br>. Acesso em: 16 maio 2018.

[9] ANPEd: Associação Nacional de Pós-Graduação e Pesquisa em Educação. Disponível em: <http://anped.org.br/>. Acesso em: 16 maio 2018.

docentes que se envolvem diretamente com o PIBID e, também, com a pós-graduação.

Olhando para as escolas e para os cursos de formação de professores, podemos ver a distribuição e o uso de jogos pedagógicos em sala de aula, o aumento de laboratórios de informática nas escolas, uma melhor aceitação do uso de calculadoras nas aulas de Matemática, a construção de material concreto para auxiliar nas aulas com crianças com necessidades especiais, entre outras iniciativas. De onde vêm essas ideias? Com certeza, de pesquisas feitas preliminarmente ou durante o processo de implementação.

A divulgação científica tem crescido nos últimos anos com o aumento do número de periódicos especializados em cada área e de eventos científicos nacionais e internacionais. Além disso, o desenvolvimento da internet é responsável por grande parte da democratização desses artigos, bem como de diversos livros e outros materiais.

Ao realizarmos uma busca na internet por determinado conteúdo escolar, frequentemente encontramos resultados de pesquisas acadêmicas propondo metodologias diferenciadas. Ou ainda, quando deparamos, nas salas de aula, com alunos com necessidades especiais, podemos procurar por atividades e informações específicas na internet. Isso significa que, muitas vezes, o acesso existe, mas é dificultado por uma série de questões como as discutidas na seção anterior.

O próprio ambiente acadêmico contribui para a divulgação das pesquisas. Isso porque, ao discutirmos nossas temáticas com os colegas da pós-graduação, ao apresentarmos seminários, ao realizarmos projetos pilotos, estamos possibilitando que outros profissionais, que muitas vezes voltarão para a sala de aula da educação básica ou que irão trabalhar com formação de professores, conheçam nossa pesquisa.

Os mestrados profissionais, por sua vez, podem vir a ser um importante caminho de interlocução entre a academia e a escola, na medida em que muitas das pesquisas realizadas estão voltadas para a sala de aula e realizadas por seus professores, com questões emergentes das dinâmicas vividas por eles. Não há dúvida de que realizar essas pesquisas em consonância com sua realidade permitirá a esses professores uma visão aprimorada de sua prática, impactando-a.

Desde a emissão da Portaria nº 080, de 16 de dezembro de 1998, que tratava do reconhecimento desses cursos no Brasil, o número de mestrados profissionais no Brasil saltou de 24, em 1998, para mais de 2000 em 2017, sendo, por exemplo, 82 deles em Ensino.[10] Esses programas visam, fundamentalmente, formar professores em exercício na educação básica que estão em busca de se qualificar profissionalmente. Ademais, os mestrados profissionais (no caso daqueles relacionados à Educação) estão em consonância com o Plano Nacional de Educação, que tem, em sua Meta 16, a formação no nível de pós-graduação de 50% desses professores.

É certo que um número considerável de professores que optam em cursar um desses mestrados vislumbra tão somente uma valorização financeira, já que os estados e municípios, em geral, possuem planos de cargos e carreira que lhes concedem aumento em seus rendimentos em caso de se qualificarem. Independentemente disso, o que destacamos é que esse professor se transforma, a partir das vivências, discussões e estudo. E ao se transformar, o professor passa a ter outros artifícios para modificar sua prática docente. Dessa forma, o trânsito do professor pelo ambiente acadêmico é propício para que pesquisas cheguem às salas de aula.

Essa experiência é importante justamente para proporcionar o diálogo entre a escola básica e a universidade. É nesse diálogo que as pesquisas chegam até os alunos e professores do chamado "chão da escola". E, nesse aspecto, o mestrado profissional tem oportunizado que diversos professores em formação continuada tragam para a universidade questões da sala de aula. Esse programa foi idealizado, entre outros fatores, "considerando a necessidade de estimular a formação de mestres profissionais habilitados para desenvolver atividades e trabalhos técnico-científicos em temas de interesse público" (Brasil, 2009).

Por outro lado, na Área de Matemática, o Mestrado Profissional em Matemática em Rede Nacional (PROFMAT), que "visa atender prioritariamente professores de Matemática em exercício na educação básica" (Sociedade Brasileira De Matemática, 2017),

[10] Disponível em: <http://www.capes.gov.br/cursos-recomendados>. Acesso em: 23 jan. 2018.

tem sua ênfase no aprofundamento de conteúdos matemáticos que, muitas vezes, fogem à prática docente e ao ambiente escolar.

Nesse sentido, Caldatto (2015) faz uma crítica aos elementos que compõem o currículo do PROFMAT, pontuando que ele está estritamente direcionado "à dimensão matemática da formação desses profissionais [professores de Matemática]" (Caldatto, 2015, p. 398). Segundo a autora, um dos aspectos que influencia essa questão é a

> [...] desarticulação entre a produção acadêmica do corpo docente permanente do programa e os objetivos do PROFMAT. A grande maioria dos pesquisadores nominados no projeto acadêmico desse curso desenvolve suas pesquisas na área da Matemática acadêmica, enquanto que o projeto é voltado para a Educação básica (Caldatto, 2015, p. 399).

Com base nesses apontamentos, percebemos que esse programa, idealizado para os professores da escola básica, não se atenta à complexa necessidade da escola e dos profissionais que lá atuam. Embora ele tenha pontos positivos, como uma oferta mais ampla de possibilidades de pós-graduação para professores de Matemática, ele também tem pontos negativos, por não estar apoiado na vasta pesquisa sobre formação de professores (de Matemática). Logo, um programa nacional, um programa federal, não leva em conta as pesquisas feitas com apoio do mesmo governo país afora.

A própria Universidade Aberta do Brasil (UAB), criada em 2005 com o objetivo principal de formar professores que atuavam no ensino básico sem ter concluído o ensino superior na sua área de atuação, também parece não levar em conta pesquisas sobre Educação a Distância realizada no próprio país. O processo histórico de sua criação remete à Universidade Federal do Mato Grosso (UFMT), através do curso de Licenciatura em Educação Básica, com parte dele oferecido a distância e, principalmente ao consórcio CEDERJ e os cursos de Licenciatura oferecidos pelas universidades participantes. Não se vê no projeto pedagógico dos cursos e na proposta da UAB referências às pesquisas brasileiras, mesmo sendo nosso país pioneiro na pesquisa em Educação a Distância Online (EaDonline). Por exemplo, houve diversos projetos de pesquisa sobre o tema financiados pelo CNPq que não parecem ter influenciado a concepção da própria UAB.

Olhando especificamente para o uso de tecnologias digitais nesses cursos, algo que acreditamos ser inerente à modalidade, o que vemos é que o uso que ocorre ainda é bem restrito e, quando ocorre, costuma ser por ações individuais de professores, tutores e alunos (Almeida, 2016). O uso de tais tecnologias até está preconizado nos Projetos Pedagógicos, mas, então, qual o motivo do uso ainda não ocorrer de maneira generalizada? As razões são as mesmas daquelas apresentadas no ensino presencial, como o tempo demandado para que as atividades sejam preparadas e aplicadas ou as dificuldades que os professores possuem em utilizar e adaptar as tecnologias aos ambientes virtuais.

Também de forte impacto educacional é o programa Observatório da Educação (OBEDUC), que "visa, principalmente, proporcionar a articulação entre pós-graduação, licenciaturas e escolas de educação básica e estimular a produção acadêmica e a formação de recursos pós-graduados, em nível de mestrado e doutorado" (Capes, 2014). Tinti *et al.* (2016) entendem que o OBEDUC:

> [...] tem se constituído, no cenário nacional, como uma política pública de formação para professores e futuros professores, uma vez que estreita o diálogo entre a comunidade científica e a comunidade escolar e, desse modo, desenvolve ações formativas considerando as demandas que emergem do contexto escolar (Tinti *et al.*, 2016, p. 30).

Um dos projetos de maior envergadura do GPIMEM estava associado ao OBEDUC intitulado Mapeamento do Uso de Tecnologias da Informação nas Aulas de Matemática no Estado de São Paulo.[11] A primeira fase do projeto, como o próprio nome diz, buscou mapear a realidade das escolas estaduais paulistas em seis regiões do estado no que diz respeito à estrutura dos laboratórios de informática e, principalmente, à investigação de como as Tecnologias Digitais (TDs), particularmente os computadores, têm sido utilizadas nas aulas de Matemática. As primeiras pesquisas, de Chinellato (2014) e Oliveira (2014), não apontam para um cenário animador. Segundo tais autores, o uso das TDs não se faz presente

[11] Projeto com início em 2013, aprovado sob nº 16429 no Edital 049/2012/CAPES/OBEDUC/INEP e coordenado pela Profª Drª Sueli Liberatti Javaroni, membro do GPIMEM e do Programa de Pós-Graduação em Educação Matemática da Unesp de Rio Claro.

de maneira efetiva nas aulas de Matemática das escolas investigadas, devido, entre outros aspectos, a problemas de infraestrutura, falta de abordagens com as TDs nos cursos de formação de professores, tanto inicial quanto continuada, e precariedades das condições de trabalho docente, como a sobrecarga de trabalho. Isso é mais assustador quando pensamos que os computadores chegaram às escolas no final dos anos 1990 e essas dificuldades já eram relatadas desde então (Borba; Penteado, 2001). O que foi feito desde então?

O que vemos ainda hoje são atitudes individuais, assim como a que mencionamos a respeito da UAB. Peralta (2015) direcionou seu foco para professores que diziam utilizar as TDs em suas aulas de Matemática, a partir do cenário delineado pelo Projeto Mapeamento. A pesquisadora aponta que, entre os elementos que contribuem para que esses professores utilizem as tecnologias como parte de sua prática pedagógica, estão aspectos relacionados à identidade profissional do professor, suas percepções a respeito da Matemática e das potencialidades do uso das tecnologias, além das contribuições da equipe gestora da escola, quando esta se empenha em colaborar com os professores.

Apoiadas nesses resultados, Braga (2016) e Faria (2016) promoveram cursos de formação continuada para os professores da rede estadual de ensino de São Paulo, de forma a desenvolver atividades em conjunto com os professores, permitindo uma discussão sobre a utilização das TDs nas aulas de Matemática. O trabalho foi desenvolvido de modo a articular atividades realizadas em softwares dinâmicos de Matemática, com o Caderno do Aluno, que é o material didático utilizado nas escolas estaduais de São Paulo.

E observe que as pesquisas citadas nos parágrafos anteriores foram desenvolvidas em mestrados (e doutorados) acadêmicos. Ou seja, há também espaços nesses programas para o desenvolvimento de pesquisas voltadas para a sala de aula.

Também buscando uma articulação entre a universidade e a escola básica, podemos mencionar o Grupo de Sábado (GdS).[12] Esse grupo reúne professores de Matemática do ensino fundamental e médio, docentes da Universidade Estadual de Campinas (Unicamp)

[12] Disponível em: <https://www.cempem.fe.unicamp.br/gds/grupo-de-sabado>. Acesso em: 2 maio 2018.

e pesquisadores em Educação Matemática. Em suas reuniões quinzenais, que ocorrem em um ambiente colaborativo, os professores estudam, compartilham, discutem, investigam e escrevem sobre a prática pedagógica em Matemática nas escolas. Esse grupo desenvolve um trabalho contínuo de pesquisa e acompanhamento das atividades que são desenvolvidas pelos participantes.

Ainda no âmbito da Educação Matemática, podemos mencionar ações e pesquisas com impacto direto nas escolas, empreendidas pelo GPIMEM. Lacerda (2015), por exemplo, teve como contexto uma escola pública do interior paulista e desenvolveu atividades teatrais com alunos de oitavo e nono anos. A proposta foi escrever e encenar uma peça de teatro com o conteúdo Equações, que foi previamente escolhido pelos próprios alunos. No fim do processo, a peça foi apresentada no teatro municipal, para todos os alunos da escola e equipe gestora. A Secretaria de Educação propôs que ela fosse apresentada em outras escolas da cidade e, dessa forma, apesar de ter tido um impacto pontual, essa pesquisa conseguiu atingir diversos alunos, professores e funcionários da escola, associando Arte à Matemática e contribuindo para a transformação da imagem pública da Matemática.

O conceito de funções foi trabalhado com alunos do nono ano por Romanello (2016), a partir de uma investigação sobre as potencialidades do uso do aplicativo "Matemática" para celulares inteligentes (smartphones). Utilizando atividades investigativas desenvolvidas com o aplicativo, baseadas nos pressupostos do construcionismo, a pesquisadora observou a viabilidade de exploração de gráficos e de elaboração de testes de conjecturas, que auxiliaram na generalização das propriedades das funções trabalhadas. Além disso, foi apontado o papel fundamental do professor nas atividades, as quais proporcionaram discussões matemáticas e possibilidades de evidenciar a curiosidade dos alunos, entre outras. Essa pesquisa integrou uma mestranda, com um professor da escola básica, os alunos e uma equipe da escola em questão, havendo repercussão para além daquela sala de aula, pois acabou contagiando outros professores da escola.

Temos, então, exemplos de pesquisas que pontualmente chegam até a sala de aula, muitas vezes envolvendo outros professores e escolas. Entretanto, precisamos tecer algumas observações. Uma delas é que, em geral, essas pesquisas não são realizadas em salas de aulas "normais". Há sempre uma preparação inicial para que uma pesquisa ocorra, ou seja, a sala de aula é modificada. Acreditamos que ela deve mesmo ser modificada e continuar a ser modificada após a investigação. Outra questão a se observar é a localização geográfica dos grandes centros de pesquisa, perto dos quais as escolas são mais beneficiadas. De que maneira chegar até aquela escola ribeirinha, multisseriada, ou ainda até aquela escola que, como muitas, faz parte de um município que não possui centros universitários com cursos de licenciatura?

Nesse sentido, queremos destacar ainda mais a importância de políticas públicas como o PIBID, a UAB, o OBEDUC e os mestrados profissionais, por não se tratarem de iniciativas isoladas que, além de levar a pesquisa para a sala de aula, também inserem "jovens" pesquisadores nesse ambiente. Diversos profissionais que seguem carreira acadêmica emendam a graduação com o mestrado e com o doutorado, quando não com o pós-doutorado, na busca de uma formação qualificada e a possibilidade de pleitear melhores empregos e salários. Mas não seria interessante que esses, então professores, tivessem experiência em salas de aula para então desenvolverem pesquisas na Área de Educação? É claro que todos eles têm pelo menos 12 anos de experiência em sala de aula da educação básica como alunos, e mais quatro na graduação. No entanto, a visão de aluno e de professor é diferente no que diz respeito à sala de aula. Não seria essa visão do professor importante para que perguntas de pesquisa sejam elaboradas de modo que possamos pensar em nossa própria prática docente e contribuir, assim, com o desenvolvimento e a melhoria da Educação no Brasil?

Levando em conta todos esses aspectos, cremos ser possível concluir que a relação entre pesquisa e impacto na sala é bem mais complexa do que uma das perguntas que fizemos sugere: Se há tantas pesquisas em Educação/Ensino, porque a Educação do Brasil vai mal? A complexidade se deve porque nem sempre, dentro de um estado brasileiro, com seus diferentes governos, há continuidade de políticas. Se parece ser razoável a ideia de que uma pesquisa sobre vacina transforme-se em uma vacina e seja a base para uma política pública de prevenção de uma doença, esse não parece ser o caso em Ensino.

Podemos ir mais além: pesquisas sobre Educação a Distância Online realizadas no Brasil não são necessariamente levadas em conta na elaboração de uma universidade criada para gerar cursos a distância. Mestrados profissionais, que têm alunos como professores, não necessariamente tornam os mestres em pesquisadores e, embora muitas vezes suas dissertações cheguem à sala de aula da educação básica, há casos, assim como nos mestrados acadêmicos, que isso não ocorre. A ideia, defendida e sustentada em várias pesquisas de que o professor-pesquisador é uma solução para a reinvenção constante que a sala de aula necessita, não parece impactar propostas que focam em apenas um aspecto da formação do professor.

Por outro lado, há pesquisas feitas em Programas de Pós-Graduação profissional ou acadêmico que têm impacto direto em sala de aula, não só porque foram desenvolvidas lá, mas porque alteraram esse ambiente. Há também pesquisas feitas fora da sala de aula que a impactam, ao gerarem propostas de ensino, vídeos ou artefatos que são utilizados em sala de aula. Há diversos relatos sobre isso em teses, dissertações e periódicos, porém o impacto pode ser pontual! Isso mostra outra dimensão da complexidade do problema: o tamanho do Brasil!

É comum ouvir em congressos internacionais que um novo currículo foi implementado em países como Finlândia ou Portugal. Mas, notem, a população desses países é menor que a população da cidade do Rio de Janeiro. Implementar políticas no Brasil, ou na maioria das suas unidades federativas, não é fácil, devido a um problema de escala e, mesmo quando se consegue contornar o problema, a desigualdade social no Brasil é de tal ordem que fica difícil implementar um resultado de pesquisa em escolas que são marcadas pela desigualdade.

Este livro, portanto, não responderá a essa pergunta de forma conclusiva, mas espera já ter mostrado que ela não é justa. Tal pergunta induz o leitor ao erro quando o faz acreditar que a pesquisa é pura e desvinculada. Outras discussões que faremos ao longo dos demais capítulos podem nos ajudar a respondê-la sob outra dimensão.

Capítulo II

Metodologia de pesquisa *versus* metodologia de ensino

Uma discussão que parece confundir muitos diz respeito à metodologia de ensino e metodologia de pesquisa. Ela pode, inclusive, estar por trás da concepção daqueles que pensam que uma pesquisa em Educação/Ensino deveria resultar em propostas imediatas para a sala de aula.

Parece razoável dizer que vários que vieram a desenvolver pesquisas em Educação tiveram experiência em sala de aula como professor, juntaram àquela que tiveram como aluno, e pensaram em um problema relacionado ao ensino. Ao procurar a universidade mais uma vez, para fazer um mestrado profissional, um mestrado acadêmico, ou um doutorado, pensam em solucionar um problema relacionado ao ensino. De certa forma, consideram como utilizar as novas tecnologias digitais em sala ou como ensinar determinado conteúdo de uma forma mais lúdica. Assim, estão preocupados com metodologia de ensino, ou seja, pensam em um problema da prática educativa e como podem solucioná-lo.

A chegada à pós-graduação traz a necessidade do desenvolvimento de uma pesquisa sobre sua inquietação e, portanto, de uma pergunta e/ou objetivo e, também, uma metodologia de pesquisa. A metodologia de pesquisa está relacionada ao conjunto de métodos ou caminhos que são percorridos no processo da pesquisa e sua sistematização. Ou seja, ela envolve os caminhos e as opções tomadas na busca por compreensões e interpretações sobre a interrogação formulada. Tais caminhos são tomados sob a luz de uma visão de conhecimento sobre o que significa conhecer.

Na pesquisa qualitativa, foco deste livro, os procedimentos de pesquisa envolvem as entrevistas, as observações de campo, as filmagens, as anotações em cadernos de campo, entre outros. Esses procedimentos, juntamente com a visão de conhecimento que enfatiza dimensões subjetivas e objetivas do conhecimento, compõem a metodologia da pesquisa. Portanto, conforme apontado por Lincoln e Guba (1985), deve haver uma ressonância, uma coerência entre a visão de conhecimento e procedimentos de pesquisa.

A metodologia de ensino, por sua vez, está relacionada ao ato de ensinar. Ensinar requer um conjunto de esforços e decisões que se refletem em caminhos propostos, as chamadas opções metodológicas. O professor organiza e propõe situações em sala de aula a fim de apresentar um determinado conteúdo.

Bicudo (1993), em um clássico artigo sobre pesquisa em Educação Matemática, estabelece uma diferenciação entre pesquisa e ação pedagógica, considerada uma atuação educadora conduzida segundo princípios norteadores fundados na Filosofia, na Ciência, na História, na Política.

Nesse sentido, de maneira bem resumida, podemos dizer que a metodologia de ensino se concretiza pela aplicação dos métodos de Ensino em seus pressupostos teóricos e que a metodologia utilizada pelo professor está relacionada à sua visão de mundo e de conhecimento. Essa metodologia é passível de mudanças quando ao professor é possibilitada uma reflexão sistemática sobre sua prática profissional (Anastasiou, 1997) e pode, inclusive, se constituir em objeto de pesquisa (Bicudo, 1993).

Araújo, Campos e Freitas (2012) problematizam a relação entre prática pedagógica e pesquisa no ambiente da modelagem matemática. Nesse artigo, os autores consideram que a prática pedagógica pode caminhar muito próxima da pesquisa. Araújo e Campos (2015) apontam que elas podem, inclusive, acontecer de forma simultânea, embora sejam distintas, visto que os objetivos, os procedimentos e os resultados que a prática pedagógica alcança são diferentes daqueles envolvidos em uma pesquisa.

Para ilustrar um pouco essa relação, consideremos um exemplo. Deseja-se investigar as possibilidades de uma metodologia para ensinar crianças a contar. A interrogação da pesquisa, neste caso, está relacionada a uma metodologia de ensino. A pesquisa resultará, entre outras possibilidades, em uma tese, uma dissertação, um relatório a ser entregue a uma agência de fomento, um livro, ou um capítulo de livro. Esse relatório, assim como o projeto de pesquisa, terá uma parte dedicada à metodologia de pesquisa. No caso da metodologia de pesquisa qualitativa, os procedimentos são flexíveis, embora ela agrupe diversas estratégias de investigação com determinadas características comuns. Bodgan e Biklen (1994) apontam algumas dessas características e consideram que elas podem aparecer em maior ou menor grau em uma pesquisa, podendo uma ou algumas delas estar ausentes.

Em Educação, a pesquisa qualitativa pode assumir muitas formas e ser conduzida em múltiplos contextos. Embora seja considerada uma área em constante elaboração, pode-se dizer que os métodos qualitativos, em geral, enfatizam as particularidades de um fenômeno em termos de seu significado para o grupo pesquisado (Goldenberg, 1999). Destaca-se, segundo o ponto de vista fenomenológico, a subjetividade, já que nesta vertente há uma busca por manifestações na percepção (Bicudo, 2004).

São diversos os caminhos adotados dentro dessa metodologia de pesquisa. Neste capítulo vamos considerar duas delas, que têm sido utilizadas por pesquisadores em Educação e Educação Matemática: os experimentos de ensino e a pesquisa colaborativa.

Experimentos de ensino: dentro e fora da sala de aula

Por diversas razões, nem sempre é possível ou viável realizar uma investigação em sala de aula, pois empreender uma pesquisa envolve uma série de questões éticas, como permissão do professor para efetuar alguma mudança em sala de aula, autorização dos responsáveis pelos alunos, necessidade de cumprimento do cronograma, entre outras. Ou então, mesmo que seja possível a realização da pesquisa em sala de aula, pode haver dificuldade com a coleta de dados em função da quantidade de alunos ou com um aprofundamento da compreensão dos processos utilizados por eles.

Muitas vezes busca-se um modelo de como os estudantes pensam sobre determinado assunto e as pesquisas empreendidas em sala de aula dificilmente permitem que se tenham modelos mais detalhados acerca de como eles pensam e que operações fazem. O experimento de ensino surgiu como uma alternativa para a superação dessas dificuldades (Cobb; Steffe, 1983; Steffe; Thompson, 2000).

Trata-se de uma metodologia de pesquisa que busca explorar e explicar as atividades matemáticas dos estudantes. Ela é primordialmente utilizada por pesquisadores que buscam entender os conceitos matemáticos e as operações efetuadas:

> Um propósito primordial para usar a metodologia dos experimentos de ensino é que os pesquisadores experimentem, em primeira mão, a aprendizagem matemática e o raciocínio dos alunos (Steffe; Thompson, 2000, p. 267, tradução nossa).

Essa metodologia se popularizou no Ocidente, nos Estados Unidos, nos anos 1970, embora tenha sido amplamente utilizada anos antes em estudos soviéticos. Muitos desses estudos foram traduzidos para a língua inglesa e publicados por um projeto conjunto entre as Universidades de Chicago, de Stanford e da Georgia. Através dos experimentos de ensino, os pesquisadores buscavam entender as concepções matemáticas dos estudantes e o modo de eles lidarem com os conceitos (Steffe; Thompson, 2000). Já que era difícil ou impraticável atender a esse objetivo com todos os estudantes em uma determinada sala de aula, a ideia foi trabalhar apenas com um ou poucos alunos.

Cobb e Steffe (1983) definem, basicamente, experimento de ensino como uma série de encontros com um estudante, ou uma dupla de estudantes, ou alguns estudantes, por certo período de tempo. No experimento *de ensino, o* pesquisador deve estar constantemente procurando "ver" suas ações e as do estudante sob o ponto de vista do estudante, o que lhe permite compreender melhor as estratégias que o estudante utiliza.

Eles consideram que tal interação se dá em um ambiente construtivista e reconhecem que o uso dessa metodologia implica um processo de ensino e aprendizagem no qual a construção de conhecimentos pelo estudante se dá também devido à sua interação com o entrevistador.

Steffe e Thompson (2000) afirmam que o experimento de ensino envolve: um agente que ensina (professor-pesquisador), um ou mais estudantes, um observador dos episódios de ensino e um método de registro que retrate cada episódio. Esses registros podem ser usados na preparação dos episódios subsequentes, bem como na condução da análise conceitual retrospectiva daquele encontro.

De acordo com esses autores, essa metodologia envolve quatro aspectos principais, sendo que o central é o "ensino exploratório", ou seja, ensino pela exploração. É necessário deixar que o aluno explore! O professor-pesquisador acompanha os caminhos e decisões dos estudantes ao lidar com os conceitos e busca deixar de lado seus conceitos e formas de pensar para tentar entender a forma de pensar dos estudantes e como eles lidam com os conceitos matemáticos.

O segundo aspecto diz respeito ao teste da hipótese de pesquisa. Os experimentos de ensino servem tanto para se testar uma hipótese como para gerá-la. A hipótese de pesquisa formulada antes da realização do experimento de ensino serve apenas como guia para a escolha dos estudantes e para as intenções gerais iniciais dos pesquisadores. No entanto, os pesquisadores devem deixar essas hipóteses de lado durante o andamento dos episódios à medida que as contrastam com a experiência de interação com os estudantes.

Ao final de cada episódio, quando ele é analisado, as hipóteses são consideradas, analisadas e outras são geradas. Com o decorrer dos encontros, pode ser que algumas hipóteses sejam abandonadas e outras sejam criadas. Assim, o principal desafio para o professor-pesquisador é, em vez de acreditar que o estudante está errado ou que o seu conhecimento é imaturo ou não razoável, ele deve se concentrar em entender o que o estudante pode fazer, isto é, o professor-pesquisador deve construir um quadro de referência na qual o que o estudante pode fazer pareça razoável. Assim, os processos de formação de hipóteses, teste e reconstrução das hipóteses formam um círculo recursivo.

O terceiro aspecto a ser considerado diz respeito ao "significado de ensino no experimento de ensino", que ocorre no contexto da interação com os estudantes. Steffe e Thompson (2000), contudo, ressaltam que essa interação não é considerada como dada, pois aprender como interagir com os estudantes é um dos pontos centrais de qualquer experimento de ensino.

Finalmente, o último aspecto diz respeito à "interação responsiva e intuitiva". Esse tipo de interação deve ser a meta do professor-pesquisador na busca por compreender o raciocínio dos estudantes. Agir de forma responsiva e intuitiva é algo que o professor-pesquisador vai aprendendo e aperfeiçoando ao longo do transcorrer dos episódios de ensino. O professor-pesquisador deixa de criar expectativas em relação ao que o estudante pode fazer e centra sua atenção em tentar compreender de que modo ele está pensando e lidando com os conteúdos matemáticos, além de ficar mais experiente no que diz respeito a interagir com eles de forma analítica, propondo e criando situações que lhes permitam construir um cenário matemático independente.

Sendo a meta do experimento de ensino a construção de um modelo do pensamento matemático do estudante, o professor-pesquisador deve buscar compreensão no processo de desenvolvimento das atividades didáticas e não apenas no resultado. Cada passo dado pelo estudante ao lidar com os conteúdos matemáticos é importante na montagem desse modelo. Além disso, o professor-pesquisador pode contar com a interlocução do observador, que pode ajudar a entender as ações dos estudantes e, além disso, auxiliar no planejamento dos experimentos subsequentes. O observador geralmente traz uma visão mais objetiva das interações que ocorrem durante os episódios.

Podemos, então, dizer que, nesse tipo de pesquisa, atividades pedagógicas são propostas a estudantes de forma que o professor-pesquisador possa "ouvir" de forma detalhada a Matemática desenvolvida por estudantes e, a partir desse "ouvir", elaborar modelos acerca do seu modo de pensar a respeito e lidar com certos conteúdos matemáticos. Tal abordagem metodológica tem sido considerada também em contextos mais específicos onde conteúdos matemáticos são abordados com o uso de tecnologias digitais.

O GPIMEM desenvolveu diversas pesquisas nas quais os experimentos de ensino foram utilizados ao longo dos últimos 20 anos. Trabalhar com os experimentos de ensino quando tecnologias digitais estavam presentes permitiu que uma visão própria desta modalidade de pesquisa qualitativa fosse desenvolvida.

Souza (1996), por exemplo, utilizou experimentos de ensino com estudantes do ensino médio a fim de analisar como o conteúdo funções do segundo grau poderia ser estudado com o auxílio da calculadora gráfica, uma novidade àquela época. Uma proposta didático-pedagógica foi desenvolvida com foco predominantemente em aspectos visuais e empíricos, e a análise dos experimentos de ensino mostrou como os estudantes relacionaram transformações nos gráficos das funções do segundo grau com alterações nos coeficientes das funções. A abordagem metodológica com foco na análise da voz dos estudantes permitiu a identificação dessas relações.

Benedetti (2003) também utilizou experimentos de ensino com alunos do ensino médio. Ele desenvolveu atividades pedagógicas sobre conteúdos matemáticos do primeiro ano desse nível de ensino. Os experimentos de ensino permitiram ao professor-pesquisador acompanhar bem de perto as estratégias dos alunos ao lidar com as questões e com um *software* matemático.

Em pesquisas desenvolvidas com o CBR,[13] os experimentos de ensino permitiram identificar que o uso do CBR intensificou o uso da linguagem corporal, na medida em que funcionava como uma interface que relacionava o movimento a gráficos cartesianos. Um estudante, por exemplo, andava de encontro a uma parede e o gráfico "distância da parede pelo tempo real era gerado". Foi notado, então, como a Matemática se materializa através de gestos, de forma semelhante à verbal (Scheffer, 2002).

Scucuglia (2006) buscou compreender como artefatos digitais – as calculadoras gráficas – poderiam ser utilizados em salas de aula tanto do ensino médio como dos anos iniciais da universidade.

[13] Detector Sônico de Movimentos, fabricado pela Texas Instruments.

Esse autor apresenta um bom roteiro de como os vídeos gravados durante os experimentos de ensino podem ser analisados, e aponta resultados que podem ser utilizados pelo professor em sua sala de aula se ele levar em consideração as suas especificidades.

Portanto, o uso de experimentos de ensino permitiu, em diferentes estudos, identificar como alunos de diversos níveis de ensino lidaram com as tecnologias digitais e qual seu papel dentro de um coletivo que constrói conhecimentos. Esse coletivo, dentro dessa visão do grupo, é condicionado histórica, social e culturalmente pela experiência dos humanos e pelas formas como as tecnologias do conhecimento se oferecem para serem utilizadas. Esta visão se insere na discussão sobre a autoria do conhecimento ser um produto individual ou social, à medida que enfatiza que não há conhecimento sem mídias como oralidade, escrita, informática e seus instrumentos associados, respectivamente, fala, lápis-e-papel e computadores ou tecnologias digitais. À medida que se toma tal visão, a análise dos dados de uma dada pesquisa pode também ser feita a partir dele, já que se busca identificar, nos experimentos de ensino, o papel das mídias em questão na produção do conhecimento.

Valorizar a voz do(s) estudante(s) permitiu uma compreensão a respeito do modo de pensar do estudante, ou de pares de estudantes ao lidar com conteúdos matemáticos e tecnologias digitais (Borba, 2004), quer fossem elas calculadoras gráficas, softwares de Geometria Dinâmica, como o Geometricks, sensores acoplados a calculadoras gráficas, como o CBR, a internet, etc.

Dentro da perspectiva teórica dominante do GPIMEM, procurou-se ver como coletivos de seres-humanos-com-mídias (Borba, 2001) lidavam com a Matemática. Assim, buscou-se documentar e analisar como determinada interface tecnológica participava da construção do discurso do estudante ou de sua linguagem corporal. Essa metodologia está em harmonia com a concepção de que pesquisador, professor, estudantes e tecnologias fazem parte de um sistema coletivo dinâmico e que a produção de conhecimento se dá através desse coletivo, isto é, o conhecimento é produzido por um coletivo formado por seres humanos e não humanos, e a disponibilidade e o uso da tecnologia digital provocam a reorganização do pensamento.

É reconhecido que há uma grande diferença entre o ambiente de sala e o ambiente de um experimento de ensino realizado fora dela. No entanto, no segundo caso, podemos ter uma maior flexibilidade de tempo para que o estudante lide com uma determinada questão. Além disso, podemos criar modelos mais detalhados sobre a forma de raciocinar. Esses fatores geralmente não são possíveis em sala de aula, pois a quantidade de estudantes é grande, e há uma diversidade considerável entre o ritmo de trabalho de cada um deles. Mesmo levando em consideração a especificidade de um ambiente no qual se dá um experimento de ensino, as conclusões obtidas acerca de como os estudantes pensam sobre determinado conteúdo e os modelos elaborados podem servir de parâmetros para seu uso em outros contextos, como a sala de aula. As pesquisas não são realizadas em sala de aula, mas em um ambiente que, de certo modo, se aproxima do seu contexto.

Tanto em Educação Matemática como em outras áreas, pode ser que uma pesquisa feita fora da sala de aula possa atingi-la. Assim, não devemos limitar nossas investigações ao espaço da sala de aula, embora elas sejam fundamentais: compreender esse ambiente e, principalmente, as transformações pelas quais ele passa com temas como a ubiquidade das tecnologias digitais é essencial. Para isso precisamos de pesquisas em sala de aula, fora dela, e de uma agenda que envolva pesquisa e políticas públicas.

Pesquisas colaborativas e pesquisas em grupo

No século passado, havia um modelo denominado *top-down*, no qual a pesquisa educacional era elaborada pela universidade, e ia de cima para baixo (*top-down*) para a escola básica. As reformas eram pensadas por nós, acadêmicos, autores deste livro, baseados na crença de que, como cientistas e educadores, poderíamos gerar um caminho para os professores da educação básica seguirem. Vários foram os fracassos, entre eles o movimento Matemática Moderna (Kline, 1976).

As críticas ao modelo *top-down* não surgiram apenas no Brasil, mas também em outras partes do mundo, e já no final do século surgia a pesquisa *sobre* os professores, que, com o passar do tempo, passou a ser a pesquisa *com* os professores. Por outro lado, houve também um movimento para uma maior flexibilização sobre o que era pesquisa em Educação, uma maneira de dar voz às pessoas e às suas ideias.

Borba e Araújo (2012) apresentam discussões provocativas envolvendo pesquisa qualitativa em Educação Matemática. Como menciona o professor Ubiratan D'Ambrosio no Prefácio desse livro, "a pesquisa em Educação, particularmente a pesquisa qualitativa, é uma área em elaboração e, possivelmente, continuará assim" (p. 22). Não se pode, portanto, identificar linhas de pesquisa padrão, ainda mais se considerarmos especificamente a Área de Educação Matemática; porém, é possível identificar algumas linhas que estão caracterizando os pesquisadores.

Uma dessas vertentes que tem sido considerada é a pesquisa colaborativa. No âmbito da Educação Matemática, as concepções e modelos acerca desse tipo de pesquisa qualitativa surgiram, principalmente, nos últimos dez anos. Antes, porém, de tratarmos especificamente deste assunto, uma primeira distinção se faz necessária, entre termos que, muitas vezes, são tomados como sinônimo e não o são: colaboração/cooperação.

Fiorentini (2014) aponta que, enquanto na cooperação uns ajudam os outros, executando tarefas cujas finalidades geralmente não resultam de negociação conjunta do grupo, na colaboração, todos trabalham conjuntamente e se apoiam mutuamente visando atingir objetivos comuns negociados pelo coletivo do grupo. Assim, um aspecto central da colaboração é que as decisões e análises são construídas por meio de negociações coletivas.

Com esse sentido de colaboração, podemos adentrar o campo da pesquisa colaborativa, que pode ser entendida como uma modalidade de pesquisa desenvolvida de forma conjunta entre pesquisadores e professores. Ibiapina (2008) a define como:

> [...] uma atividade de coprodução desenvolvida por pesquisadores e professores, com objetivo de transformar uma determinada realidade educativa, levando tempo para ser concretizada, pelas suas ações serem realizadas em ações formativas, buscando a valorização do pensamento do próximo na construção dos diálogos de autonomia e respeito mútuo (Ibiapina, 2008, p. 31).

A pesquisa colaborativa difere de práticas tradicionais de investigação na medida em que o professor deixa de ser o objeto de estudo do pesquisador e passa a ser participante desse processo, com a oportunidade de refletir e mudar sua prática docente. O professor não é apenas um copesquisador; ele também toma decisões e aceita responsabilidades por ações desenvolvidas em conjunto. É assim que as pesquisas deixam de investigar *sobre o professor* e passam a investigar *com o professor*.

Nessa perspectiva, os professores em exercício participam do processo de investigação de um objeto de pesquisa, que geralmente é escolhido ou apontado por um ou mais pesquisadores. Eles se tornam coconstrutores do conhecimento que se está produzindo em relação ao objeto investigado. Há, portanto, a valorização das atitudes de colaboração e reflexão crítica entre pesquisador(es) e professor(es), que se tornam coparceiros, cousuários e coautores de processos investigativos, delineados a partir da participação ativa, consciente e deliberada (Ibiapina, 2008).

Na pesquisa colaborativa, enquanto o professor busca o desenvolvimento profissional por meio da reflexão e problematização de sua formação e prática com o objetivo de atender suas necessidades reais de formação, o pesquisador se desenvolve nesse processo e amplia seus conhecimentos pessoais e profissionais, ambos contribuindo com um novo conhecimento científico.

Pode-se dizer, então, que com essa visão, a pesquisa colaborativa supõe a colaboração entre pesquisador e professores na coconstrução de um objeto de conhecimento. Ambos são ativos e reflexivos. Porém, na visão de Fiorentini (2014), não basta que o projeto e a pesquisa de campo sejam compartilhados com todo o grupo – o grupo também deve compartilhar a sintetização dos resultados e da escrita. De acordo com tal perspectiva, muito pouco provavelmente uma dissertação ou tese acadêmica poderia ser considerada uma pesquisa colaborativa, pois a autoria e o processo de escrita e análise, geralmente, são reservados apenas ao autor.

Consideramos que a pesquisa colaborativa, tal como propõe Fiorentini (2014), com uma organização tão horizontal, é praticamente impossível. Assim, em nosso ponto de vista, ela pode ser vista como uma meta a ser alcançada. Uma pesquisa possuirá fases em que as características da pesquisa colaborativa estarão mais presentes e fases em que tais características não aparecerão tanto. E a variação acontece de forma não linear. Por outro lado, entendemos que ter a meta de uma colaboração é fundamental, e possivelmente será um atestado de sucesso da integração da pesquisa com a sala de aula.

Há vários grupos de pesquisa pensando nessa colaboração. O Grupo de Sábado da Unicamp, mencionado anteriormente, é um subgrupo do Prática Pedagógica de Matemática – Círculo de Estudo, Memória e Pesquisa em Educação Matemática (PRAPEM-CEMPEM) da FE/Unicamp. Ele congrega professores de Matemática e docentes da Área de Educação Matemática, em um ambiente de trabalho colaborativo, para estudar, compartilhar, discutir, investigar e escrever sobre a prática pedagógica nas escolas. Nos últimos cinco anos, o grupo contou com a participação de 12 professores, em média, e essa modalidade reflexiva e investigativa tem favorecido o desenvolvimento profissional de todos os envolvidos.

O Grupo de Estudos em Educação Matemática (GEEM)[14] da Universidade Estadual do Sudoeste da Bahia (UESB) foi criado em 2004 com o objetivo de contribuir com debates, discussões e reflexões na Área de Educação e Educação Matemática. No contexto da Educação Matemática, o GEEM desenvolve ações e parcerias na forma do Programa de Extensão – Atividades Colaborativas e Cooperativas em Educação (ACCE) –, que são apresentadas sob a forma de pesquisas, cursos, oficinas para estudantes e professores do ensino fundamental e médio, propiciando um espaço para a ampliação do debate, da reflexão e da pesquisa em torno da prática pedagógica. O programa contribui, também, para organizar e produzir propostas de atividades com o objetivo de incentivar e promover parcerias/projetos junto aos professores e estudantes da rede pública, focando em experiências de sala de aula, bem como em atividades na escola.

---

[14] Disponível em: <http://geem.mat.br>. Acesso em: 6 jul. 2018.

Além das atividades de pesquisa e extensão, o GEEM promove a divulgação e a reflexão das suas ações e de outros grupos/professores, seja por meio do periódico *Com a Palavra, o Professor*, ou pela organização de eventos que fomentem a discussão no âmbito da Educação, participando da colaboração na organização de eventos locais, estaduais e internacionais, por exemplo, realizados pela Sociedade Brasileira de Educação Matemática da Bahia (SBEM-BA) e de outros grupos do cenário nacional. Organiza, também, como agente principal, alguns eventos, tais como o Simpósio Baiano de Licenciatura (SBL).

Outro grupo de pesquisa localizado no estado da Bahia é o Grupo Educação Matemática em Foco (EMFoco), sediado em Salvador e criado em 2003 para que os alunos egressos do curso de Especialização em Educação Matemática da Universidade Católica de Salvador continuassem seus estudos. Esse grupo de autoformação iniciou-se como grupo de estudos, mas seu protagonismo o levou a socializar suas experiências em dois livros, artigos em livros e participação em congressos, realizando palestras, minicursos, oficinas, comunicações e relatos.

No primeiro livro, durante um encontro, os "emfoquianos" conversavam com um dos autores deste livro e surgiu a ideia de comemorar os cinco anos do EMFoco com o lançamento de um livro com as experiências dos membros do grupo. O livro foi organizado por Marcelo Borba e seu então orientando de mestrado, Leandro Diniz. Eles relataram as experiências do que é ser um grupo colaborativo e de salas de aula do ensino fundamental, médio e superior, incluindo temas como experiências do Projeto Gestar de Matemática dos anos iniciais, ensino de Geometria nos anos finais do ensino fundamental e Modelagem e Geometria no ensino superior.

O EMFoco também participou e participa em pesquisas de larga escala, numa parceria entre alguns núcleos da SBEM-BA, como o Projeto Estruturas Aditivas, que envolvia um diagnóstico de turmas dos anos iniciais sobre problemas de adição e subtração, curso de formação de pedagogos e elaboração de material didático. Assim, a pesquisa adentrou as ações do grupo e continuam atualmente com o Projeto Estruturas Multiplicativas.

O GPIMEM, também mencionado, utiliza práticas que priorizam a colaboração. Borba (2000) mostra como era a estrutura e a dinâmica de funcionamento desse grupo poucos anos após sua fundação e quais eram as discussões metodológicas e epistemológicas em curso. Embora nenhum rótulo fosse utilizado à época, já era possível identificar características de uma dinâmica colaborativa no grupo, sendo reconhecido que o diálogo e a construção de significados, dessa forma, favoreciam o desenvolvimento e o crescimento pessoal e profissional de todos os membros. Tais características se mantêm até hoje.

Alguns trabalhos do GPIMEM posteriores a 2000 foram analisados em Araújo e Borba (2012), ilustrando a importância do desenvolvimento de pesquisas em grupo, que pode proporcionar uma perspectiva mais global de um fenômeno estudado. Os autores dão destaque à construção da pergunta diretriz, à multiplicidade de procedimentos e de focos, e à revisão de literatura, reforçando a importância de haver consonância entre visão de conhecimento, de Educação e metodologia de pesquisa.

No caso do GPIMEM, o tema "tecnologias digitais" sempre esteve presente, e isso traz a necessidade de uma colaboração. Ou seja, a colaboração não era uma meta, mas sim necessária, pois a constante mudança acaba exigindo que diferentes membros do grupo se tornem especialistas em uma frente e, de forma colaborativa, compartilhem com outros. É claro que estruturas de poder da sociedade como um todo, e da universidade em particular, estão presentes em um grupo. No entanto, a necessidade de compreender e de pesquisar as tecnologias digitais e sua presença na Educação permitiu que o grupo tivesse especialistas licenciandos, especialistas professores, e especialistas docentes da universidade.

Entendemos que dinâmicas como as utilizadas pelo GDs e pelo GPIMEM, que contam com diversos modelos presenciais e virtuais de colaboração, podem também ser um caminho para aproximar professores da pesquisa, e a pesquisa da sala de aula.

Capítulo III

A pesquisa é um ato individual ou coletivo?

A pergunta título deste capítulo visa criar uma tensão entre duas alternativas, que do nosso ponto de vista se completam! A pesquisa tem uma dimensão individual, solitária! O pesquisador que se debruça sobre horas de vídeos, sobre infinitas páginas de transcrições, é solitário. O tempo está acelerado, intensificado com o permear cada vez mais constante das tecnologias digitais em nossas vidas (Borba; Scucuglia; Gadanidis, 2018). Apoiados no trabalho de Carr (2010) e de outros pesquisadores, esses autores discutem como as novas gerações e também as antigas, que se renovam como humanos a cada instante, estão cada vez mais contagiadas pela dinâmica do "a cada clique um prazer". A necessidade de checarmos, a todo momento, o WhatsApp, o Messenger, as notícias, o Twitter, o correio eletrônico, etc. nos levou a uma aceleração de nosso tempo. Vivemos mais atrasados do que há 20 ou 50 anos.

O ser humano parece ser aficionado por tecnologias. Esse apreço se dá, principalmente, pela necessidade de adaptação ao seu cotidiano. Na Educação não é diferente. Algumas tecnologias são desenvolvidas tendo como objetivo o seu uso no ensino e na aprendizagem, como jogos educacionais, softwares e aplicativos para dispositivos móveis. Outras são utilizadas na sala de aula, mesmo não tendo sido criadas para tal, como por exemplo as calculadoras e as próprias tecnologias informáticas. Acompanhando esse movimento, pesquisas são realizadas buscando entender esse uso e o comportamento dos sujeitos que compõem o chão da escola frente à inserção das tecnologias no seu dia a dia.

Não lemos vários das centenas de artigos que saíram nos últimos dois anos em Educação Matemática no Brasil e nos principais periódicos em língua inglesa. Temos dificuldades de ler livros! Parabéns se você chegou até aqui, caro leitor! Paramos um vídeo no meio porque ele passou de cinco minutos... A pesquisa exige outro tempo. Ela exige que se olhe de modo atento as transcrições, os vídeos, que se leiam os livros mais que uma vez e as notas sobre eles diversas vezes. É daí que sai o parágrafo, que sai o texto, que sai o primeiro livro – seja ele o TCC robusto, a dissertação de mestrado ou a tese de doutorado.E mesmo que ela seja fruto de um coletivo de seres-humanos-com-mídias (pós-graduando, orientador, pesquisador, grupo de pesquisa, software de análise de vídeo, lápis, papel, etc.), ela tem uma dimensão solitária. No momento que um dos três autores deste livro escreve este parágrafo, há uma solidão.

Ao escrever a tese ou o relatório de pesquisa, há uma dimensão solitária, já que dificilmente alguém mais conseguirá olhar com tanto tempo e tanta propriedade certo conjunto de dados. Isso exige um compromisso ético do pesquisador. Ele tem que buscar uma compreensão do fenômeno estudado de forma que ela possa ser compartilhada com os outros. O compromisso é solitário, assim como é a articulação que o pesquisador faz com o referencial teórico, os procedimentos metodológicos e a análise dos resultados.

A ética exigida pode se tornar mais exigente se pensarmos que a pesquisa é também necessariamente coletiva. Não só porque ela já é produto de seres-humanos-com-mídias, mas porque ela é compartilhada! A pesquisa que é solitária é também coletiva. Por exemplo, uma tese tem que ser compartilhada com uma banca. Antes disso, ela foi, no mínimo, compartilhada com o orientador. E note que, além do orientador, o solitário pesquisador tem sua pesquisa também apresentada, negociada, com uma comunidade.

O grupo de pesquisa

Para compreendermos a importância do grupo de pesquisa em uma investigação "solitária", vamos nos ater ao grupo ao qual os autores deste livro participam, o Grupo de Pesquisa em Informática, outras Mídias e Educação Matemática (GPIMEM). Como estamos inseridos em um grupo que tem um olhar especial para os processos educacionais moldados por tecnologias, iremos focar neste aspecto.

Quando as tecnologias digitais começaram a chegar à sala de aula de algumas escolas brasileiras, o computador começou a ser utilizado nas aulas de Matemática com o software LOGO. Esse software estava fundamentado no construcionismo de Papert. Durante esse período, no qual o computador era utilizado apenas com essa linguagem de programação, é que se desenvolveu a primeira fase das tecnologias digitais na Educação Matemática brasileira. Borba, Scucuglia e Gadanidis (2018) abordam o caminhar entre as pesquisas no nosso país que investigavam processos de ensino e aprendizagem da Matemática e o desenvolvimento tecnológico no Brasil. Os autores dividiram essas fases em quatro, sendo a primeira caracterizada, fundamentalmente, pelo uso do LOGO.

A segunda fase, de acordo com os autores, iniciada na primeira metade dos anos 1990, envolveu o uso de softwares que permitiam o desenvolvimento de atividades mais investigativas. Na Educação Matemática foram utilizados softwares de representações múltiplas e softwares de Geometria Dinâmica, principalmente. Foi nessa época que questões relacionadas à formação do professor para lidar com as tecnologias começaram a ser discutidas mais intensamente.

O surgimento e a disponibilidade da internet marcaram o início de uma nova fase, que se deu por volta de 1999 no Brasil. Essa tecnologia passa a ser utilizada como fonte de informações e meio de comunicação entre professores e alunos. Nessa época, surgiram novas indagações relacionadas às possibilidades das tecnologias digitais na Educação Matemática, visto que a internet começava a proporcionar novas formas de interação. Questões relacionadas à Educação a Distância e sobre como a Matemática se transformava num ambiente virtual eram algumas das mais consideradas naquela fase. Foi nessa época que o GPIMEM começou a elaborar sua concepção acerca da relação entre seres humanos e não humanos considerando exemplos da Educação Matemática. As pesquisas elaboradas argumentavam que diferentes interfaces moldavam a natureza da comunicação e interação entre professores e alunos e que também influenciavam na natureza das ideias matemáticas discutidas nesse ambiente (Borba; Malheiros; Amaral, 2012).

A quarta fase se iniciou por volta de 2004, com a chegada da internet de alta velocidade. Laptops, tablets e celulares são dispositivos que têm alcançado um número cada vez maior de usuários. Dessa fase, podemos destacar a integração da Geometria Dinâmica com as representações múltiplas, a multimodalidade, a produção de vídeos, a interatividade, o uso de tecnologias móveis ou portáteis e as performances digitais.

O GPIMEM, fundado no que denominamos segunda fase, tem buscado, há mais de 20 anos, analisar o papel das tecnologias digitais, assim como possibilidades e transformações que elas provocam no contexto da Educação e, em particular, da Educação Matemática. As pesquisas empreendidas têm permitido a elaboração de uma concepção teórica acerca da produção de conhecimento em ambientes que contam com tais tecnologias.

Nos anos iniciais do GPIMEM, a visão de conhecimento que foi se elaborando estava predominantemente relacionada às noções de reorganização do pensamento e coletivo pensante propostas por Tikhomirov (1981) e Lévy (1993), respectivamente.

De maneira sucinta podemos dizer que, com base em Tikhomirov (1981), considerava-se que a presença das mídias reorganiza o pensamento e, por conseguinte, a produção de conhecimento. Com base em Lévy (1993), entendia-se que uma mídia poderia ser, além da informática, a oralidade ou a escrita, e que a presença de novas mídias que iam aparecendo não significava, necessariamente, o desaparecimento de outras.

Com esse referencial, diversas pesquisas foram empreendidas por membros do grupo, que acabou permitindo o desenvolvimento de outras noções, como a de moldagem recíproca, que consiste em uma mídia modificar as ações humanas, bem como os humanos utilizarem as mídias para fins diferentes daqueles para que foram criadas. Exemplos desse processo podem ser encontrados nas pesquisas realizadas por Almeida (2016) e Chiari (2015), ambas desenvolvidas em cursos a distância. Na primeira, o autor destaca os alunos desempenhando papéis docentes a partir da maneira como utilizam as tecnologias digitais e, na segunda, como as mídias desempenharam um papel de material didático digital e interativo, já que os participantes editavam (por meio das interações) o ambiente virtual do curso, transformando-o na principal fonte de informações (Borba; Chiari; Almeida, 2018).

Borba e Villarreal (2005) sintetizaram, então, a perspectiva de considerar um sistema composto por seres humanos e não humanos pela metáfora seres-humanos-com-mídias e também aprofundaram o desenvolvimento da noção de moldagem recíproca, precisando os tipos de moldagem dupla que podem acontecer durante a interação entre humanos e tecnologias. Nesse sentido, a ideia de "moldagem recíproca" pode ser considerada uma terceira vertente da noção de seres-humanos-com-mídias. Portanto, assume-se a noção de que o conhecimento é constituído por um amálgama de humanos e não humanos. Tal ideia tem sido expandida e discutida em diversos artigos que discutem como as regras se transformam com as tecnologias (Borba, 2012) e como as tecnologias ocupam diferentes papéis em vértices dos triângulos da teoria da atividade (Souto; Borba, 2016).

A metáfora seres-humanos-com-mídias é utilizada, então, para sugerir esse coletivo pensante como unidade básica de produção de conhecimento. Tal noção enfatiza o papel das mídias na produção de conhecimento.

De acordo com essa visão, a tecnologia digital não se reduz apenas a um acessório, como algo "transparente" e neutro, sem efeito no processo de produção do conhecimento. A tecnologia digital não é encarada apenas como adereço ou maquiagem, mas como provocadora de transformações; não é vista apenas como um meio, uma vez que a produção de conhecimento é permeada por ela. Dessa maneira, as pesquisas empreendidas pelo GPIMEM consideram que professor, estudantes e tecnologias fazem parte de um sistema coletivo dinâmico e que a produção de conhecimento se dá por meio desse coletivo, isto é, o conhecimento é produzido por um coletivo formado por seres humanos e não humanos, e a disponibilidade e o uso da tecnologia digital provocam a reorganização do pensamento (Borba; Chiari, 2013).

Também cabe aqui uma observação no que diz respeito ao uso domesticado das mídias. Há diversos exemplos na história das tecnologias em que há a tendência em se utilizar uma nova mídia reproduzindo práticas de uma mídia anterior. Esse uso, "com gosto de passado", é uma maneira de domesticar a nova mídia, de forma a fazê-la parecer com as anteriores (Borba, 1999). Essa tendência parece se fazer notar mais ainda em processos educacionais que têm por natureza, como uma de suas facetas, conservar culturas e práticas desenvolvidas por aqueles que se encontram na posição de professores.

O olhar para as potencialidades do uso das tecnologias no ensino e na aprendizagem é a marca do GPIMEM. O Projeto Mapeamento, mencionado no capítulo 1 deste livro, é um grande exemplo. Ele teve como primeira etapa identificar que tecnologias digitais eram utilizadas na sala de aula de Matemática das escolas estaduais do estado de São Paulo e, a partir desse levantamento, realizar intervenções em algumas salas de aula. As intervenções ocorriam de maneira direta, ou seja, algumas pesquisas possuíam como cenário de pesquisa professor, alunos e as tecnologias digitais, outras de maneira indireta, pois eram realizados cursos de extensão para professores da Rede Pública Estadual paulista acerca do uso de tecnologias nas aulas de Matemática e que, em tese, propiciariam que os professores pudessem fazer uso das tecnologias em suas aulas.

Outro exemplo se relaciona às pesquisas que olharam para Educação a Distância Online, tema que começou a ser explorado pelo grupo por volta do ano 2000. Na época, o primeiro trabalho do GPIMEM começou a ser desenvolvido (Gracias, 2003) e se relacionava à natureza da reorganização do pensamento, no sentido proposto por Tikhomirov (1981), em um curso a distância sobre Tendências em Educação Matemática.

Vários outros trabalhos se seguiram, ilustrando possibilidades e dificuldades das interações online para ensinar e aprender Matemática, tais como Maltempi, Javaroni e Borba (2011), Maltempi e Malheiros (2010), Borba e Llinares (2012) e Borba (2012), por exemplo. Parte deles está sintetizada em Borba, Malheiros e Amaral (2012), com foco nas formas em que a metodologia de pesquisa se transforma em trabalhos online, e em Borba e Almeida (2015), que olharam para o uso das tecnologias digitais nos cursos de Licenciatura em Matemática da Universidade Aberta do Brasil. De uma forma geral, trabalhos dessa natureza analisam a forma como a internet, originalmente pensada só para a sala de aula virtual, transforma também a sala de aula presencial em um movimento que contribui para a interdisciplinaridade, a quebra das disciplinas e a reinvenção desse ambiente.

Um diálogo entre o trabalho de Chiari (2015) e Gracias (2003) foi estabelecido em Borba, Gracias e Chiari (2015), com o objetivo de discutir sobre a pesquisa em EaD e Educação Matemática. No artigo, os autores apontam que há diferenças significativas entre os contextos das pesquisas, devido, principalmente, à disponibilidade de recursos tecnológicos e ao acesso às tecnologias digitais, mas ambos os trabalhos estão sustentados na mesma visão de conhecimento, embora a própria visão de conhecimento tenha sido transformada durante o período que separa as duas publicações (Borba; Gracias; Chiari, 2015).

No contraste estabelecido entre os dois trabalhos, os autores afirmam que Gracias (2003) mostrou como professores vivenciaram um curso a distância sobre Educação Matemática e identificou traços referentes à natureza da reorganização do pensamento, visto que foram apresentadas possibilidades oferecidas no ambiente do curso que provocaram certas modificações no modo de pensar. Chiari (2015), por sua vez, apresentou a noção de Material Didático Digital Interativo (MDDI), que está fortemente ancorada no registro automático das interações possibilitado pela natureza do Ambiente Virtual de Aprendizagem, pela forma como ele foi utilizado e pela presença da internet. Portanto, pode-se dizer que ambos os trabalhos identificaram contribuições específicas do uso de tecnologias para a EaDonline e sua influência nos processos comunicacionais, o que se relaciona à produção de conhecimento que pode ocorrer a partir da interação entre os atores envolvidos (Borba; Gracias; Chiari, 2015).

Muitos desses trabalhos surgiram de inquietações individuais, mas é comum, no GPIMEM e em outros grupos de pesquisa, a pesquisa em grupo. Usamos a metáfora do mosaico de pesquisa para indicar investigações dessa natureza, ou seja, pesquisas distintas servem como suporte a uma pesquisa maior, assim como essa pesquisa maior produz dados para as pesquisas individuais.

As pesquisas desenvolvidas de modo individual eram claramente influenciadas por grupos e por discussões anteriores, mas quando elas começam a ser elaboradas, o momento é solitário. O começo é um momento solitário, que é aquele no qual possivelmente o leitor se encontra agora ao ler este livro. No caso dos autores que acabamos de mencionar, todos eles pertencem ao GPIMEM, seja como membros plenos, seja como membros associados – aqueles que têm atividades de pesquisa menos constantes. Todos já participaram de outros grupos e é bem possível que venham a participar de grupos diferentes.

Ao desenvolver sua tese e articular a análise dos dados com o referencial teórico, é importante que o pesquisador compartilhe suas ideias com outros. É o que Lincoln e Guba (1985) chamam de *peer debriefing,* que pode ser traduzido como compartilhamento com os pares. Nesse momento, o pesquisador, seja ele o mestre iniciante, ou o pesquisador experiente, líder de grupo de pesquisa, compartilha com os pares e com outros pesquisadores suas conclusões e tem que estar preparado para receber críticas, mudar de posição e rearticular a pergunta de pesquisa com os dados.

É isso que semanalmente, durante o período letivo, o GPIMEM faz em uma de suas atividades. Nos encontros semanais também se discutem artigos, capítulos de livros, livros, questões relacionadas às pesquisas de mestrandos ou doutorandos, artigos e capítulos de teses ou dissertações que estejam em fase de elaboração por membros do grupo. Este livro, por exemplo, teve uma versão preliminar discutida em uma dessas reuniões.

De maneira geral, essa não é a única forma de tornar as análises, e a tese em si, algo coletivo. A ideia de autores como Bogdan e Biklen (1994), que também defendem o compartilhamento com os pares, é que a pesquisa, ao passar mais explicitamente do individual para o coletivo, valorize menos a opinião do pesquisador. Em nosso ver, essa é a forma de fazer com que uma objetividade, apoiada na subjetividade, seja construída. Ou seja, em vez de termos a estatística para dizer que algo é coletivo, temos que ter o compartilhamento entre os pares como parâmetro para uma objetividade, a qual é sempre cultural e sempre dinâmica, e que se modifica, em particular quando o que se estuda são humanos. Humanos estão em constante mutação, influenciados pelas mudanças tecnológicas, históricas, culturais e a articulação entre elas.

Assim, o grupo de pesquisa não é apenas um grupo de apoio; é parte da metodologia de pesquisa, é parte do devir da pesquisa, que permite que ela seja socializada e apoiada (ou não) por especialistas que lidam com a mesma temática de pesquisa, com autores relacionados, etc. Tal postura está coerente com a visão de conhecimento do grupo já explicitada: consideramos o conhecimento como uma produção de um coletivo pensante constituído pelos seres-humanos-com-mídias; entendemos que ele não é transmitido e nem descoberto e, portanto, o compartilhamento entre os pares é fundamental no processo.

É claro que nem todos têm acesso a um grupo de pesquisa. Mais ainda, o grupo não é condição suficiente para garantir a "objetividade" de um resultado. Embora ele tenha um papel relevante, o próprio grupo tem seus limites e há também outras instâncias onde tal processo pode se dar.

Programas de Pós-Graduação

Há tempos a pós-graduação no Brasil se organiza na forma de programas, superando um modelo que prevalecia até um pouco mais da metade do século XX, o modelo de orientação individual.

A pesquisa no meio acadêmico começou a se instalar como prática a partir da institucionalização da pós-graduação em 1965. Cursos eram estruturados, inicialmente em áreas de concentração, até que em 1990 a CAPES começou a recomendar que os programas fossem constituídos em linhas de pesquisa (Wassen, 2014). Gamboa (2003) descreve esse processo de mudança de áreas de concentração para linhas de pesquisa e critica a existência de áreas de concentração nos programas de pós, o que restringe, muitas vezes, os resultados e as investigações das pesquisas. O autor ainda ressalta que, mesmo com a mudança para linhas de pesquisa, as áreas de concentração muitas vezes ficaram camufladas nas linhas de pesquisa.

A organização dos programas se dá de maneiras distintas. O Programa de Pós-Graduação em Educação Matemática da Universidade Estadual Paulista (UNESP) de Rio Claro, SP, por exemplo, que é o programa mais antigo da Área de Ensino da CAPES, iniciado em 1984, tem disciplinas, tem exame de qualificação e defesas como todos os programas têm. O exame de qualificação, em geral, fechado apenas para a banca, é um momento em que a relação específica orientador-orientando se abre, e dois outros doutores discutem os resultados parciais. Essa fase pode ser também considerada como um compartilhamento entre os pares. A defesa aberta, muitas vezes com a presença de familiares, já tem menos esse caráter, embora também seja necessário que o mestrando ou doutorando, neste ritual de passagem, mostre que domina a pesquisa que desenvolveu e que a objetividade, construída entre os pares, mantenha-se também para o público especializado que atende a uma defesa.

Na UNESP de Rio Claro, temos também os seminários, criados pelo professor Roberto Ribeiro Baldino há mais de duas décadas. Atualmente há também as jornadas que, entre outras questões, tornam pública a pesquisa feita pelos mestrandos e doutorandos. Tal ato é também um compartilhamento entre os pares. E neste caso, a banca não é escolhida pelo Conselho: todos podem ir e questionar. Há também outras atividades de publicidade da pesquisa, como as Atividades Inaugurais do Programa, nas quais os projetos dos mestrandos e dos doutorandos são avaliados.

Assim, a socialização do conhecimento é também resultado de um programa. Um programa com intensa troca científica e social tende a gerar pesquisas de melhor qualidade, no mínimo porque o compartilhamento entre os pares, critério de qualidade de vários autores que tematizam a pesquisa qualitativa, é praticada de forma mais intensa.

Há outro fator, entretanto, que faz um programa forte gerar pesquisas de qualidade. Os grupos de pesquisa são importantes, conforme discutido na seção anterior, mas eles também limitam. Muitos grupos possuem apenas um líder ou dois. Na Área de Educação Matemática, por exemplo, 40% dos grupos cadastrados no CNPq possuem apenas um docente como líder,[15] mas mesmo nos casos em que os grupos são coordenados por mais de um docente há uma tendência à endogenia, que leva o grupo a ler um conjunto dos mesmos autores. Isso é bom, pois dá unidade ao grupo, e é ruim, pois limita o pesquisador em formação inicial ou aquele que se espera esteja "em eterna formação".

Assim, o programa pode regular o aspecto intimista, endógeno, fazendo com que, por exemplo, um pesquisador que pertença ao GPIMEM e à UNESP, Rio Claro, não leia apenas os autores sobre tecnologias digitais e metodologia de pesquisa que formam o "núcleo duro" do referencial teórico-metodológico do grupo. Ao ter que lidar com outras áreas – por exemplo, de História da Matemática e História da Educação Matemática (Miguel; Miorim, 2007) ou Filosofia da Educação Matemática (Bicudo; Garnica, 2011) ou sobre formação de professores (Moreira; David, 2005) –, o aluno terá uma formação mais ampla.

O Programa de Pós-Graduação pode permitir o compartilhamento com os pares de forma mais ampla, o que dificulta a formação de "igrejinhas" com o seu pastor e suas verdades absolutas. O leitor atento deve ter percebido que o mesmo raciocínio já feito com o pesquisador que está solitário, e depois com o grupo de pesquisa, pode também ser feito em relação ao Programa de Pós-Graduação. Assim, os participantes – docentes e discentes – que se restrinjam ao programa de pós, ou às redes do seu próprio grupo de pesquisa, podem se ver vítimas da limitação do olhar de uma única perspectiva.

Encontros e congressos científicos

Uma alternativa para superar as limitações anteriormente apontadas é a participação em eventos científicos. Seja a pesquisa de cunho

[15] Um total de 328 grupos de pesquisa na área de Educação Matemática estão cadastrados no Diretório de Grupos de Pesquisa do CNPq (Pesquisa feita em 5 de maio de 2018).

quantitativo, positivista ou qualitativa, ela tem que resistir a apresentações em congressos. Existe certa discussão sobre a diferenciação entre os termos "simpósio", "jornada", "congresso" e "encontro". Em geral, vamos utilizá-los como sinônimos, mas, por outro lado, gostaríamos de valorizar um deles aqui: "encontro", uma das denominações para um *lócus*, em geral presencial, onde se debate, discute e validam-se pesquisas, novas perspectivas teóricas, novas tendências, etc.

O termo "encontro" chama a atenção para a ideia de haver um encontro entre pesquisadores. Alguns deles – jovens ou experientes – têm deturpado a ideia do encontro: eles fazem a sua apresentação e não se preocupam em ouvir e presenciar a apresentação do outro. Eles não estão preparados para o diálogo horizontal, proposto por Freire (1996). Não há um ouvir criativo, no qual novas questões são lançadas àquele que apresenta seu trabalho, que busca também compartilhar sua pesquisa com os pares. Assim, a pesquisa ser solitária ou não depende também de um aspecto social. Com o advento do exibicionismo das redes sociais, parece mais importante publicar no Facebook a realização de um exame de qualificação, ou a participação em um dado congresso do que pensar sobre as contribuições ouvidas e tentar contribuir com o trabalho dos outros.

Os congressos devem, portanto, ser vistos como uma parte do processo de construção da pesquisa qualitativa. Não faz sentido pensar em congresso apenas como um local onde se apresenta o seu próprio trabalho. A pesquisa pode se tornar "um nível" a mais no compartilhamento entre os pares, e pode também servir para aquela nova conexão, que não sabemos como fazemos, para gerar um novo projeto, para ter uma nova ideia. Pouco se sabe sobre como se gera um pensamento original, mas é possível que ouvir ideias diferentes – no momento em que se está imerso de forma profunda em um conjunto de ideias referentes à própria pesquisa – seja um caminho.

O Encontro Brasileiro de Estudantes de Pós-graduação em Educação Matemática (EBRAPEM) foi pensado há mais de 20 anos como um espaço de encontro, como uma qualificação aberta, onde um docente comenta o trabalho em andamento de um pós-graduando. O encontro é itinerante, e os alunos organizadores de cada encontro escolhem o professor convidado que comentará um dado trabalho. Nesse sentido, há aí mais uma etapa de socialização, de validação pelos pares de uma pesquisa feita.

Assim como o EBRAPEM, outros congressos são divididos em Grupos de Trabalhos (GTs), que podem também ter os mesmos ganhos e as mesmas limitações dos grupos de pesquisa. De toda forma, a nacionalização e a internacionalização da pesquisa só fazem sentido se ela for pensada como uma parte da pesquisa, da metodologia de pesquisa, no sentido amplo que está aqui sendo discutido. O simpósio é também um local de ensino, onde se faz um minicurso, por exemplo, com diferentes abordagens para um certo conteúdo, ou de possibilidades para o uso de jogos, softwares e coisas do tipo, para propiciar uma aprendizagem menos "dolorida" para o aluno.

A internacionalização pode ter também um caráter epistemológico, ou seja, é possível verificar se os resultados de pesquisa – que são resultados de um referencial teórico, de uma metodologia que articula visão de conhecimento e procedimentos – resistem a ouvintes atentos que buscam a crítica construtiva. Para tanto, aquele que se apresenta tem que estar aberto a questionamentos que saiam de sua "gaiola". Esse termo, cunhado por D'Ambrosio (2016), explicita a visão de que temos que sair de nossa zona de conforto, temos que ouvir. Por outro lado, aquele que comenta pode se tornar "um torcedor de futebol" ou mais um dos "cegos de ódio" no debate político das redes sociais. Para que isso não aconteça é necessário que ele se desloque do seu referencial, compreenda o ponto de vista do outro, e crie tensões e questionamentos de forma construtiva.

Os periódicos e os livros

De maneira semelhante, podemos dizer que, com um grau de rigor ainda maior do que os dos congressos, os periódicos exercem também o papel de compartilhamento entre os pares (Lincoln; Guba, 1985). A submissão de um artigo pode ser vista como um passo de um diálogo, com um editor que sempre está à mostra e com revisores técnicos, que boa parte das vezes não se sabe quem são. Os pareceres, quando de qualidade, estabelecem um diálogo crítico com os autores, que inclui o papel do compartilhamento entre os pares. Além de verificar forma e ver se a pesquisa está sendo publicada de maneira adequada, o revisor discute, como pesquisador, os resultados apresentados no manuscrito submetido.

É possível, também, infelizmente, que o revisor extrapole o seu papel e, ao invés de ser parte da comunidade, negue um artigo ou faça uma crítica só porque um grupo de autores não trabalha com o mesmo marco teórico que ele. Ou é possível que ele misture questões pessoais com um dado autor, na hora da avaliação. Contudo, tirando esses excessos, o papel de editores e revisores tem cunho epistemológico, de participação da pesquisa.

Os revisores e editores ajudam também, socialmente, a firmar qual é o padrão de qualidade para um dado campo de pesquisa. Na prática, eles formam, formatam e delineiam o campo. Note, portanto, que o processo social não é neutro, não é bom e nem é mau; "é social". É possível ver aspectos negativos, como a forte concentração de citações europeias feita por autores europeus ou por autores brasileiros. Desse modo, damos continuidade à nossa trajetória colonial, agora nos periódicos e nas ciências, e postergamos uma aliança Sul-Sul, conforme já proposto por Villarreal, Borba e Esteley (2007) há mais de dez anos.

Esses autores propõem, apoiados em Paulo Freire e outros autores, que "vozes do Sul", uma metáfora para países que não estão no epicentro dos centros de decisão das editoras e periódicos internacionais, tenham um lugar de destaque também. Nesse caso as vozes do Sul são excluídas em um processo social. Por outro lado, é possível ver que o aspecto social tem aspectos positivos também, como já elencamos neste livro, por exemplo, no processo de transformar produções individuais, muitas vezes mais próximas da opinião, de uma produção de conhecimento, acordado socialmente entre os pares, em diversas "camadas".

Às vezes sozinhos, às vezes acompanhados

Embora tenhamos iniciado o capítulo insinuando a solidão do pesquisador durante momentos de sua investigação, é importante destacar que esses momentos também são muito importantes. O pesquisador precisa de um tempo para ele, para refletir acerca do que a produção e a análise de seus dados estão lhe indicando. Embora, como salientado nas seções anteriores, o compartilhamento de sua pesquisa possa indicar novos horizontes; o refletir sobre esses dados é um momento ímpar em uma pesquisa.

Em pesquisas que lançam mão de abordagens indutivas, como a *Grounded Theory*, na qual se presume que o pesquisador deve construir uma teoria substantiva a partir dos dados de sua pesquisa (Glaser; Strauss, 1967), os momentos em que o pesquisador se "prende" em um universo, que conta com apenas ele e toda aquela imensidão de dados, são de fundamental importância.

Os processos são ricos de subjetividade (Almeida, 2016; Chiari, 2015) e o *feeling* do pesquisador deve ser "testado" a todo o momento, no desenvolvimento de conceitos, códigos e categorias. São momentos que precedem as discussões em grupos, seminários e eventos científicos.

O pesquisador realizou a entrevista e ele a conduziu de acordo com o seu problema de pesquisa, então ele terá a sensibilidade de interpretar aquela resposta dentro de um contexto. Embora algumas das entrevistas, motivadas pelos avanços tecnológicos ou por dificuldades orçamentárias, sejam realizadas via Skype, Hangouts e/ou Facebook, em que a interação entre pesquisador e entrevistado, certamente, terá uma relação distinta da presencial, mesmo que ambos estejam se vendo virtualmente, o pesquisador é capaz de refletir a partir de uma resposta no momento de olhar para todos os dados produzidos.

Portanto, a pesquisa tem aspectos solitários e coletivos. As diversas instâncias da pesquisa – o olhar para os dados, os grupos de pesquisa, os exames de qualificação, as defesas do trabalho final, os Programas de Pós-Graduação, encontros científicos e periódicos, além de exercerem suas funções oficiais, cumprem também um papel na metodologia de pesquisa, que conforme discutido, pode ser visto como a interface entre uma visão do que é conhecer e dos procedimentos de pesquisa adotados.

Os congressos, embora mais amplos do que grupos de pesquisa e Programas de Pós-Graduação, também não resolvem no todo o problema da solidão do pesquisador. Ao anunciar que do nosso ponto de vista tal problema não tem solução ideal, passamos a mais uma "camada" do compartilhamento entre os pares. Essa técnica de análise que propõe que o resultado produzido socialmente por um pesquisador, mas apresentado individualmente, seja compartilhado criticamente com os pares. Tal processo, intrinsicamente social, valida a pesquisa e cria o conhecimento científico-objetivo, impregnado de subjetividades.

Esperamos ter ilustrado como um trabalho científico é socialmente produzido. Mas o próprio relatório de pesquisa, ou seja, a dissertação, a tese, o relatório trienal de uma universidade, o relatório científico feito para uma agência ou o artigo científico já tem na verdade um aspecto coletivo. O nome da tese, a autoria é individual, e não questionamos isso, mas, como veremos no próximo capítulo, há diversas vozes que aparecem no relatório de pesquisa.

Capítulo IV

Organização de uma pesquisa científica e as vozes

Por onde começar uma pesquisa? Como começar a escrever uma dissertação ou tese? É claro que não há resposta única para essas perguntas e elas vão depender do estilo de cada um, da forma de orientação estabelecida, da maturidade do pesquisador, da tradição científica escolhida e do próprio tema. Se adicionarmos o fato de que o autor, o problema escolhido e a própria tradição científica estão em movimento ao longo da escrita de um trabalho investigativo, podemos ver que não há uma resposta certa como $x = 2$.

Neste capítulo, vamos analisar a perspectiva do autor ao organizar sua pesquisa. Por exemplo, um doutorando desenvolvendo sua tese está em forte movimento de mudança pessoal, com descobertas sobre o marco teórico utilizado, sobre a relação deste com procedimentos de pesquisa e com novas formas de compreender o problema estudado. Esse ser em ebulição está organizando de forma linear uma tese, moldada pela escrita, pela rigidez do papel ou do arquivo digital, onde, ao final, a plasticidade do editor de texto estará fixada.

Embora não haja apenas uma maneira de começar uma pesquisa ou escrever uma dissertação ou tese, não é razoável que não tenhamos reflexões sobre a forma de organizar um texto, de modo que o pesquisador iniciante, principalmente, tenha o trabalho de redigir facilitado. Então vamos oferecer uma receita de como escrever uma tese? Bom, podemos pensar que não dar receita é também uma receita. No entanto, saindo dessa resposta fácil, será missão do leitor não permitir que o dito neste livro (e em outros também) se torne uma receita a ser seguida. O que apresentamos são reflexões que podem ter alguma função norteadora para aqueles que estão escrevendo ou irão começar a escrever um trabalho científico.

Utilizamos a metáfora de vozes na pesquisa para discutir como diferentes capítulos de um trabalho científico têm perfis distintos. Trata-se de uma noção socialmente construída no GPIMEM, aqui apresentada e elaborada pelos três autores deste livro. Consideramos que essa metáfora nos ajuda a identificar algumas vozes muito fortes em uma dissertação ou tese.

Tal metáfora, de múltiplas inspirações, é também inspirada na noção de voz e perspectiva apresentada em Confrey (1998). O artigo, escrito pela ex-orientadora de um dos autores deste livro há 20 anos, é um clássico da Educação Matemática.

Confrey (1998) defende a importância de se ouvir a voz dos estudantes, ou seja, a importância de compreender seus raciocínios e suas elaborações matemáticas. Ela argumenta que o modo como essa voz é ouvida depende da perspectiva de quem a ouve, ou seja, a voz é ouvida por alguém segundo sua perspectiva. Existe, portanto, a articulação pelo ouvinte de sua própria perspectiva, que vai se transformando durante o processo de interação e interpretação da voz do estudante. A voz é do estudante, mas a perspectiva é do ouvinte. Voz e perspectiva, portanto, interagem e se entrelaçam de modo que não se pode traçar uma linha divisória entre elas.

Aqui, fazemos o mesmo quando nos referimos à metáfora das vozes. Abordaremos, por exemplo, a forma como a voz do autor da tese se entrelaça com as vozes da literatura pertinente sobre o tema e com a voz dos dados. Entendemos que os "dados" não são apenas dados, mas são uma produção que pode ser vista como outra voz. Os dados trazem, para a pesquisa, transcrições de vozes de professores, de alunos, de gestores da Educação, etc. Eles não têm o efeito de comprovar se a hipótese levantada está ou não correta, mas fazem parte da trama, parte do enredo.

As vozes da literatura, aliás, podem ser divididas em duas. A primeira delas, chamamos de voz teórica. É aquela que nos mostra – e nos oculta – o caminho da pesquisa ao situar a forma como compreendemos, por exemplo, as relações ontológicas e epistemológicas entre seres humanos e tecnologias. Como as viseiras utilizadas pelos cavalos, essas vozes permitem o "foco", mas também impedem de ver o que está ao lado. A opção pelo foco que queremos não é sem perdas, e deve ser contrabalançada pela leitura atenta de outras pesquisas com outras lentes teóricas e outros focos. Enfim, em pesquisa qualitativa a teoria emerge da prática, porém temos lentes teóricas e filosóficas em constante movimento que devem ser apresentadas e são uma poderosa e necessária voz na pesquisa.

Há também a voz da literatura, no sentido de resultados de investigações que entrelaçaram quadros teóricos e problemas de pesquisa de modos distintos e que devem ser vozes em nosso trabalho, de modo que não estejamos a reinventar a roda a todo momento. O diálogo com a voz da literatura é tecido ao buscarmos aproximações e diferenças entre a pesquisa que estamos desenvolvendo com as já existentes na área.

Como verão os leitores, nem o modelo de ordem de capítulos, nem o de vozes em cada um deles deve ser seguido como receita. O leitor deve ser crítico do que lê, inclusive neste livro. Em nossa experiência orientando trabalhos – e sim, doutorandos e mestrandos em nosso grupo de pesquisa participam da orientação, embora a liderança seja do orientador –, já utilizamos diferentes formas de apresentar a pesquisa em teses, dissertações, livros e artigos. O mesmo pode ser dito quando somos os autores.

O resumo

Como diz o velho ditado popular, "os últimos serão os primeiros!". Geralmente o resumo, parte importante de um relatório de pesquisa, é escrito após todas as demais partes terem sido escritas. Nesse momento, o autor já está cansado e tão envolvido na pesquisa que escrever de forma clara, concisa e objetiva em 20 linhas sobre um trabalho que durou quatro anos, como em um doutorado, pode se tornar uma tarefa árdua.

Quantas vezes pesquisadores realizam buscas textuais por artigos, teses e dissertações dentro do seu campo de pesquisa e se detêm apenas no título, no resumo e nas palavras-chave? Se, nesses elementos, o pesquisador encontrar algo atraente, aí, sim, ele irá se dispor a ler o trabalho na íntegra. Dessa forma, deve-se dar importância a um resumo bem escrito e não poupar esforços na tarefa.

A professora Aparecida (Cida) Souza-Chiari dizia, nas reuniões do GPIMEM, que um resumo deve apresentar algumas informações essenciais e que a pergunta de pesquisa ou os objetivos é a primeira delas. O leitor deve ser capaz de identificar prontamente o que está sendo pesquisado e quais são as discussões principais apresentadas no trabalho. Um exemplo pode ser visto na tese de doutorado da professora (Chiari, 2015).

Os referenciais teórico e metodológico também são elementos que devem estar claros no resumo. Com quais vozes o autor está dialogando? Quais foram os caminhos escolhidos para a construção da pesquisa? Esses referenciais devem, inclusive, ser coerentes ao se entrelaçarem, de forma que a visão de conhecimento e os procedimentos adotados estejam em consonância. Borba e Villarreal (2005) discutem que a metodologia pode ser compreendida como uma interface entre a visão de conhecimento e os procedimentos de pesquisa. Essas partes se constituem mutuamente.

Os dados da pesquisa e os procedimentos merecem destaque no resumo. Foi realizada uma pesquisa de análise documental? De quais documentos? Foram realizadas entrevistas ou observações participantes? Com que sujeitos? Atividades foram desenvolvidas? De que maneira, com quem ou para quem? De que forma ocorreram esses registros? Isto é, quais foram os dados produzidos na pesquisa e de que maneira eles foram analisados?

Por último, diferentemente das sinopses de lançamentos de filmes, é imprescindível que se apresente o leitor com um breve *spoiler*[16] dos resultados da pesquisa, mas o autor pode, e deve, deixar uma surpresa para o final. No resumo também é importante que o leitor

[16] "Na utilização popular passou a se referir usualmente como um termo que se refere a qualquer fragmento de uma fala, texto, imagem ou vídeo que se encarregue de fazer revelações de fatos importantes, ou mesmo, do próprio desfecho da trama de obras tais como filmes, séries, desenhos animados, animações e animes, conteúdo televisivo, livros e videogames em que, na maioria das vezes, prejudicam ou arruínam a apreciação de tais obras pela primeira vez". Disponível em: <https://pt.wikipedia.org/wiki/Spoiler_(m%C3%ADdia)>. Acesso em: 2 maio 2018.

identifique quais conclusões foram elaboradas com a pesquisa. E se o relatório se tratar de um projeto ainda inicial, que ainda não possua resultados? Bom, nesse caso, esse último elemento do resumo pode ser substituído por breves reflexões sobre a importância da pesquisa.

Mas, afinal, que vozes estão presentes no resumo? Primordialmente, é a voz do autor que articula os principais pontos do trabalho de forma a convidar o leitor a ler seu texto na íntegra.Isso porque, quem não quer ser lido, criticado, elogiado ou citado?

A introdução

A voz do autor é predominante na introdução de um relatório de pesquisa, porque esse é o espaço para apresentar ao leitor o problema de pesquisa. E o problema, na maioria das vezes, parte de inquietações do pesquisador, mesmo que ele vá sendo redesenhado ao longo do processo de pesquisar.

Na introdução, portanto, o autor deve falar um pouco sobre sua trajetória, visto que é muito importante que apareça sua perspectiva, isto é, a parte da sua trajetória científica que é relevante para o texto que ele está escrevendo. No entanto, aqui existe, muitas vezes, um equívoco sobre a ênfase dessa voz. Apesar de ser recorrente esse capítulo ser escrito em primeira pessoa, o que, particularmente, se recomenda, o ideal é deixar de fora o foco sobre si, reconhecendo a importância da pesquisa realizada e os resultados obtidos. O importante é mostrar de onde olha o autor do texto, com o foco no próprio problema de pesquisa.

Sugerimos um exercício diferente do convencional: começar a escrever a introdução apresentando o problema de pesquisa. E só então, desenvolver a trajetória do autor até chegar ao problema, trazendo, inclusive, suas motivações, os desvios de percurso, as adaptações, assim como as justificativas para tal. É importante, na pesquisa qualitativa, que se saiba de onde o pesquisador está olhando. Na introdução, então, a trajetória do pesquisador deve ser apresentada, mas devemos tomar cuidado. O leitor está interessado na pesquisa e não propriamente na vida do pesquisador. Dessa forma, a apresentação não deve ser extensa ou incluir detalhes que não sejam pertinentes à trajetória do educador, do pesquisador.

Além da forte presença da voz do autor, algumas vozes da literatura sobre o tema pertinente também devem aparecer. Não algo completo, mas algumas referências para que ele localize o leitor, mostrando que seu trabalho é distinto de alguns outros colocados na sequência. Além disso, muitas vezes o autor dialoga com a voz da literatura para justificar a relevância da pesquisa e para situá-la no cenário de pesquisas da área.

Assim, a voz que se sobressai na introdução é a do autor, mas ela vem permeada dessas outras vozes. A introdução mostra um pouco do trabalho, e no entanto "esconde um pouco o jogo", pois tem a intenção de conquistar o interesse do leitor.

O referencial teórico

O capítulo em que se apresenta e discute o referencial teórico adotado na pesquisa é a parte da tese que é equivalente, metaforicamente, às lentes com as quais o autor vai lidar com seu problema de pesquisa. Dependendo do enfoque que será seguido, ele será mais ou menos utilizado.

A voz teórica aparece bem mais que a voz do autor nesse momento. Um pesquisador escolhe, por exemplo, autores como Borba e Villarreal (2005) e passa a utilizar a visão de tecnologias que eles apresentam. Ele não vai estar, a princípio, discutindo a fundo ou colocando em cheque essa visão, mas vai partir da ideia, como se fosse um axioma, de que o conhecimento é produzido por um coletivo de seres-humanos-com-mídias e não é uma construção individual onde a mídia esteja apenas externa ao ser humano. Ao adotar essa visão, o pesquisador está colocando a voz de outros autores e está dividindo a voz com eles. Apesar de a voz teórica ser bastante forte, uma parte desse capítulo é composta pela voz do autor, a partir de suas escolhas e da maneira com que articula seus referenciais.

Se a voz do autor aparecer de forma adequada, ela estará articulando os autores, estará nas entrelinhas, estará costurando as ideias e construindo um caminho para que as lentes teóricas possam ajudá-lo a ver seus próprios dados. Dessa forma, a voz do autor está sempre presente se o capítulo está bem escrito, porque, embora de uma forma minoritária, ele vai recortando, comentando, direcionando, recriando o trecho da citação com um pouco da sua própria voz.

A revisão de literatura

O propósito do autor na revisão de literatura é localizar o problema de pesquisa, mostrando que ele é original ou como ele se diferencia dos trabalhos já desenvolvidos. Para isso, deve-se fazer uma busca de pesquisas que tratem sobre o mesmo tema. Essa gama pode ser ampla. Veja, por exemplo, que se o autor tem por objetivo realizar uma investigação a respeito do uso de tecnologias nas aulas de Cálculo em nível de graduação, sua busca na revisão de literatura englobará pesquisas sobre o ensino de Cálculo, sobre o uso de Tecnologias em Educação Matemática, sobre o ensino de Cálculo em cursos de graduação... e ainda se o autor decidir afunilar a ideia das tecnologias para o uso de um software específico, a busca precisará ser ainda mais refinada.

As escolhas, no entanto, dizem respeito à voz do autor, que estará forte nas perguntas que permeiam a construção da revisão de literatura. Boas pesquisas, inclusive, se dão com o diálogo do autor com outras teses, livros e artigos, que pode ser fortalecido nesse capítulo.

Porém, quando se faz a revisão de literatura, pode-se também encontrar novas "lentes", um novo referencial teórico para embasar a pesquisa. Nesse momento, deve-se amadurecer o referencial teórico e, quem sabe, ainda atualizar a revisão de literatura!

Uma sequência razoável é, tendo definido seu aporte teórico, revisitar a literatura, como em um cone com o vértice para baixo, que vá afunilando para o problema. A análise dos resultados encontrados em pesquisas relacionadas à que está sendo desenvolvida situa a problemática da investigação. Portanto, a voz da literatura é obviamente muito presente.

Nessas considerações, podemos perceber que não existe uma sequência linear entre definição do referencial teórico e estruturação da revisão de literatura. Na maioria das vezes, o pesquisador está procurando, lendo e discutindo trabalhos que vão sendo direcionados para revisão ou para o referencial e, ao se definir um, chega a hora de atualizar o outro, e vice-versa.

Um aspecto apenas parece ser muito importante nesse processo: saber parar! Como já pode ter sido notado pelo leitor, o processo descrito acima pode não terminar nunca, ainda mais em tempos de softwares de busca rápidos. Assim, o autor pode se perder em uma revisão infinita. Nesse momento, é fundamental que a orientação mostre sua experiência, de modo que prazos possam ser cumpridos.

A revisão de literatura, portanto, tem como voz principal a literatura, que pode aparecer na forma de citações diretas ou indiretas. Mas ela não se faz apenas de citações, uma vez que a voz do autor também se mostra, ainda que pouco, na forma de articular, integrar e costurar os autores que ele está considerando.

Foi possível perceber a diferença entre "referencial teórico" e "revisão de literatura" em uma investigação? Esperamos que sim, pois essas duas partes de uma pesquisa têm significados diferentes e, muitas vezes, são tratadas como similares. Para deixar mais claro, podemos citar o exemplo da pesquisa de Oechsler (2018).

A pesquisadora tinha como pergunta de pesquisa: "Qual a natureza da comunicação na escola básica quando vídeos são produzidos em aulas de Matemática?".

Ao decidir sobre qual seria seu referencial teórico, a pesquisadora optou por noções de semiótica social, de multimodalidade e do construto teórico seres-humanos-com-mídias, por acreditar que um diálogo entre seus dados e essas visões de conhecimento ajudariam a explicar o fenômeno estudado. Ou seja, Oechsler (2018) assumiu essas noções como seus referenciais teóricos.

A autora decidiu limitar sua revisão de literatura, uma vez que há relatos do estímulo ao uso de vídeos em sala de aula desde 1963, por Teixeira (1963), o que implica um período extremamente extenso para a realização de pesquisa nessa área. Para isso, a autora situou seus referenciais teóricos entre as fases das tecnologias digitais na Educação Matemática brasileira (Borba; Scucuglia; Gadanidis, 2018), especificamente a quarta fase, iniciada em 2004, caracterizada pelo advento da internet rápida e dos vídeos digitais.

Podemos dizer, de maneira resumida, que na revisão de literatura levam-se em conta textos que discutem os temas, e em particular os resultados envolvidos na pesquisa, seja em dissertações, teses, artigos de periódicos e até mesmo discussões em eventos científicos. Já o referencial teórico refere-se à visão de conhecimento relacionada a cada tema da pesquisa.

A metodologia de pesquisa

Muitos pesquisadores apresentam a metodologia junto com o quadro teórico, em um capítulo de referencial teórico metodológico, onde eles discutem o referencial teórico adotado articulando-o com o tipo de metodologia que vai ser desenvolvido. Podem ser capítulos à parte ou podem estar juntos, mas é importante que eles estejam em sintonia, que essas vozes da literatura estejam em harmonia. Não é possível uma visão de conhecimento que valorize a compreensão dos processos de pensamentos de coletivos de alunos, professores, lápis-papel e artefatos digitais, e procedimentos de pesquisa que valorizem apenas resultados de testes. A visão de conhecimento, as crenças ou axiomas de uma dada visão podem estar no capítulo de referencial teórico ou de metodologia de pesquisa.

Vários autores, por exemplo, que seguem a pesquisa qualitativa enfatizam a compreensão, ou seja, que conhecer é compreender de modo profundo, em um processo quase infindável. Muitas vezes essa visão de conhecimento é contraposta à visão de conhecimento onde este é definitivo e é provado, em geral baseado em um teste estatístico, como é característico de várias pesquisas quantitativas. Há também aqueles que valorizam a voz dos participantes da pesquisa como uma característica fundamental da pesquisa que envolve humanos. Enfim, essas são visões que podem, muitas vezes, ser escolhidas pelo autor, na maioria das vezes apoiado em outros autores que pensaram mais a fundo sobre o tema.

As pesquisas desenvolvidas pelo GPIMEM valorizam a compreensão e são primordialmente de cunho qualitativo. Isso porque a escolha metodológica é intrínseca à visão de conhecimento do pesquisador. Como educadores matemáticos, acreditamos em pesquisas que priorizem a compreensão da dinâmica das salas de aula, a investigação de atividades que auxiliem no ensino e na aprendizagem de Matemática, o estudo histórico da evolução dos materiais didáticos para que possamos pensar em possibilidades de atualização e aprimoramento, as possibilidades das Tendências em Educação Matemática, entre outros. Essas questões estão ligadas a uma abordagem qualitativa de pesquisa.

Por outro lado, no Brasil e fora, existe uma gama de pesquisas quantitativas, como aquelas com base nos testes de desempenho em Matemática, que direcionam as investigações da área. Seus focos estão na análise global de determinados fenômenos, muitas vezes sem se ater às particularidades de cada caso. Muitas dessas pesquisas reduzem a Educação a testes, ao mensurável. Ao reduzirem a realidade ao que pode ser medido, elas podem ser interpretadas de forma errônea, como é comumente feito pelas empresas que dominam a informação impressa e digital, em particular, no Brasil. A imprensa tende a simplificar e a querer crucificar a escola pública, escondendo os resultados daquelas que vão bem. De toda forma, teste é teste e não é Educação. Então, essas pesquisas têm que ser complementadas por propostas que analisem o cotidiano da escola. Pensar uma forma de fazer tais estudos em escala nacional é um desafio que os pesquisadores que desenvolvem pesquisas qualitativas ainda não enfrentaram.

Outro tipo de pesquisa tem começado a aparecer nos últimos anos: as qualiquantitativas. Essa abordagem defende que as opiniões coletivas são compostas por aspectos tanto quantitativos como qualitativos (Lefevre; Lefevre, 2012). Utilizar ambas as abordagens pode ser visto a partir de dois olhares. O primeiro é que é comum pesquisadores se utilizarem de ferramentas quantitativas para restringir o seu cenário de investigação. Por exemplo, para investigar as potencialidades do uso dos dispositivos móveis na aula de História do primeiro ano do ensino médio, um pesquisador pode escolher uma escola aleatoriamente, dela escolher uma turma e, ainda, alguns alunos. Na sequência, usar técnicas da metodologia qualitativa na produção e na análise dos seus dados.

No outro viés, e esse é o que entendemos ser o mais interessante, o pesquisador vai lançar mão de técnicas qualitativas e quantitativas de forma que uma dê mais confiabilidade à outra.

> A integração da pesquisa quantitativa e qualitativa permite que o pesquisador faça um cruzamento de suas conclusões de modo a ter maior confiança que seus dados não são produto de um procedimento específico ou de alguma situação particular. Ele não se limita ao que pode ser coletado em uma entrevista: pode entrevistar repetidamente, pode aplicar questionários, pode investigar diferentes questões em diferentes ocasiões, pode utilizar fontes documentais e dados estatísticos (GOLDENBERG, 1999, p. 62).

Além dessa, há ainda novas técnicas, como as proporcionadas pelo Wordle,[17] nas quais é difícil diferenciar o qualitativo do quantitativo. O Wordle é uma ferramenta (ou brinquedo, como o próprio software se autodenomina) na qual uma nuvem de palavras é gerada a partir de um texto selecionado. Essa nuvem apresenta com maior destaque as palavras que aparecem com mais frequência no texto. Ao utilizá-lo, podemos partir de uma ferramenta quantitativa e lançar um olhar qualitativo. Como exemplo, consideremos o Wordle construído a partir deste texto que você, leitor, está lendo. A Figura 2 apresenta o Wordle construído ao colocarmos todo o corpo textual (retirados tão somente o sumário e as referências) deste livro. Ele possibilita várias interpretações. Faça a sua, caro leitor.

Figura 2: Nuvem de palavras deste livro gerada pelo Wordle

[17] Disponível em: <https://www.wordclouds.com/>. Acesso em: 6 jul. 2018.

Você deve ter notado a relação entre as palavras mais utilizadas apenas observando os tamanhos que aparecem na imagem. Trata-se, portanto, de uma ferramenta que permite que várias reflexões qualitativas possam ser realizadas a partir de uma "foto" que se apoia no quantitativo.

De todo modo, concluído esses parênteses, retomemos a discussão sobre as vozes na metodologia de pesquisa, lembrando o leitor que o objeto deste livro é a pesquisa qualitativa e estamos nos detendo a essa abordagem.

A voz de autores de metodologia de pesquisa é fundamental para que uma visão de conhecimento, articulada com procedimentos, seja apresentada. Em geral isso é feito em uma primeira parte do capítulo de metodologia. Em um segundo momento, a voz do autor da pesquisa predomina e ele mostra os passos que serão dados e os procedimentos que serão utilizados em cada etapa, mostrando um plano de ação. É importante ter um plano, mesmo que na pesquisa qualitativa haja flexibilidade para mudanças, ou mesmo da própria pergunta de pesquisa, conforme já enfatizado por Araújo e Borba (2012).

A escolha da metodologia de pesquisa traz a voz do autor dialogando com a voz teórica da abordagem determinada, que também é forte na justificativa dos procedimentos adotados. Tais procedimentos devem ser descritos com o objetivo de propor um caminho para buscar respostas para a pergunta de pesquisa. Daí surgirão os dados e, por isso, os procedimentos devem estar bem estruturados, sempre com a possibilidade de adaptações que possam ser necessárias à medida que a pesquisa avança.

Os resultados

No capítulo de discussão dos resultados, a voz predominante é a voz dos dados que, inicialmente, tem uma força muito grande. Aparecem aí as vozes dos sujeitos da pesquisa e, implícita ou explicitamente, outras vozes, como as das mídias utilizadas. Se, em uma pesquisa empírica clássica, os resultados provam, na pesquisa qualitativa isso pode não acontecer, necessariamente. Na pesquisa qualitativa as vozes trazem indícios que vão ajudando a criar uma compreensão.

Nessa visão, os dados não provam; eles são construídos pelas perguntas dos autores, eles dão voz aos sujeitos investigados. Dessa forma, a voz do autor vai aparecer tecendo esses dados, entrelaçando a voz dos dados com a da literatura, sob as lentes da voz teórica. Isto é, ele faz o entrelaçamento de todas as vozes até o momento.

A análise

Muitas vezes os capítulos de resultados e análise dos dados são escritos como um só. O importante é que na análise apareça a criatividade e a voz do autor, que estará dialogando com as lentes da voz teórica e com a literatura analisada.

Mas de que forma essas vozes se entrelaçam nesse momento? A voz da literatura quase some, já a voz dos dados – seja a voz dos professores, dos alunos envolvidos e dos participantes da pesquisa que estejam aí colocadas – é fortemente destacada a partir da voz do autor, que entrelaça, tece e analisa mantendo viva a voz teórica.

E como realizar uma análise? Talvez esse seja o momento de maior subjetividade em uma pesquisa. A seguir, vejamos o trecho de uma resposta dada em uma entrevista de um tutor, que se referia à organização de um ambiente virtual de aprendizagem na pesquisa de Almeida:

> [...] existe um planejamento inicial, o professor coloca as aulas, os vídeos, as listas de exercícios, mas quando o curso vai caminhando o ambiente vai ficando muito rico de informações. Tanto nós [os tutores] quanto os alunos, vamos colocando links de coisas interessantes, material que ajuda eles entenderem simplificação de limites, por exemplo (Almeida, 2016, p. 127).

Quantas informações podemos retirar desse excerto? Vai depender, sim, da subjetividade do pesquisador, mas ela também terá que ser associada à sua pergunta de pesquisa. Em algumas abordagens qualitativas, o pesquisador já olha para seus dados com categorias pré-existentes, buscando incluir trechos de entrevistas, imagens ou outras informações dentro dessas categorias, tentando corroborá-las.

Essa não é a ideia que defendemos. Somos adeptos de metodologias que privilegiem o surgimento de novas categorias a partir da produção e da análise dos dados, como a *Grounded Theory*, na qual as categorias emergem dos dados, a partir de um processo de codificação e conceituação realizada pelo pesquisador. Ou seja, o investigador irá olhar para os seus dados impregnado por uma visão de conhecimento e por diversas leituras prévias que englobem os temas de sua pesquisa, mas com nenhuma categoria pré-estabelecida.

As considerações finais

Considerações finais, conclusão ou discussão? Há vários subtítulos normalmente utilizados para a parte final da dissertação, tese, ou outro tipo de relatório de pesquisa.

Ufa! Se o autor chegou até aqui, já está não apenas "com as conclusões na ponta da língua", mas também respirando e sonhando com elas. Chegou então a hora de dar voz ao autor. Nas conclusões, a voz do autor deve brilhar. No final da tese ou da dissertação é hora da sua voz tomar conta novamente. Alguns dados devem ser retomados e poucas referências talvez devam ser citadas. O autor já deve ter incorporado o que foi citado ao seu discurso escrito. A referência permanece na tese, mas é importante que nesse "solo", o autor transforme, busque novas formas de refletir sobre sua tese, busque ainda mais construir teoria. A pergunta deve ser retomada e a voz do autor aparece apresentando a síntese da resposta, que vem sendo construída ao longo da dissertação ou tese. Assim se chega à conclusão? Não, no caso da pesquisa qualitativa, não se chega a uma resposta do tipo definitiva, como "sim" ou "não", mas a uma resposta que condensa a reflexão feita guiada pela pergunta, apoiada no referencial teórico utilizado e na revisão de literatura elaborada. Essa resposta foi produzida pelos procedimentos de pesquisa utilizados e pela voz dos dados, entrelaçados pela voz do autor.

É o momento de enfatizar os resultados e colocar perguntas novas, pensando em caminhos futuros a serem seguidos dentro da pesquisa. No caso do mestrado profissional, o produto deve ser valorizado e algumas considerações a respeito de possíveis aplicações podem ser elencadas.

Por último, e não menos importante, o autor pode trazer algum elemento surpresa... algo inesperado para o final do trabalho. Pode ser uma nova ideia para a análise dos dados, uma sugestão de continuação... nesse momento o autor coloca sua criatividade em ação.

E quando há o produto educacional?

O mestrado profissional é uma modalidade que vem crescendo ao longo da última década e, atualmente, desponta como majoritária na Área de Ensino. Dados apresentados em Jorge, Sovierzoski e Borba (2017) apontam que em 2017 os mestrados profissionais contribuíam com 56% dos Programas de Pós-Graduação na Área de Ensino, enquanto que mestrados isolados compreendiam 25%, mestrados com doutorado, 16%, e doutorados, 3%.

O produto educacional existe em muitas dissertações de mestrado e teses de doutorado. Ele é facultativo no caso dos mestrados e doutorados acadêmicos, mas obrigatório nos casos dos mestrados profissionais e nos doutorados profissionais que estão nascendo. Já se tem alguma clareza a respeito do produto educacional no mestrado profissional, mas não acontece o mesmo ainda em relação ao doutorado profissional.

Nos mestrados profissionais em Ensino de Ciências e Matemática, por exemplo, o mestrando deve, necessariamente, gerar um produto educacional visando à melhoria do ensino em uma área específica (Moreira; Nardi, 2009). Esse produto pode ser alguma nova estratégia de ensino, uma nova metodologia de ensino para determinados conteúdos, um aplicativo, um ambiente virtual, um texto. Trata-se de uma produção técnica indispensável para a conclusão do mestrado, a qual deve ser disseminada, analisada e utilizada por outros professores.

Portanto, a natureza do trabalho de conclusão do mestrado profissional é distinta da natureza do acadêmico. No mestrado profissional estamos falando em criação e da aplicação de um produto a uma sala de aula ou a outro ambiente educacional. Ele pode ser criado como suporte para a pesquisa e depois desenvolvido ao longo da pesquisa.

Tal produto pode ser apresentado independentemente, em um capítulo específico para esse fim, ou pode ser descrito no capítulo que anteriormente chamamos de "resultados". A discussão sobre sua aplicação pode estar no capítulo de "análise". A análise visa à validação do produto, o que permite que ele seja reformulado, se necessário. Aqui a voz dos dados está presente, juntamente com a voz teórica.

Note que o produto pode estar em uma parte da dissertação ou tese, mas não em toda ela, e que ele deve estar disponibilizado e apresentado de forma que possa ser utilizado pelo professor interessado nele.

Nesse caso, a metáfora das vozes e a discussão sobre metodologia de ensino e de pesquisa se reencontram muitas vezes. O produto se apoia, em geral, em pesquisas feitas anteriormente, ou seja, temos as vozes de outros autores da literatura. Por outro lado, ele é modificado e sintetizado ao longo da pesquisa, ou seja, ele tem a voz dos alunos ou professores que vivenciaram o produto, dentro da perspectiva do autor do mestrado ou doutorado profissional. Aqui o produto é algo que está impregnado de uma visão teórica, e faz parte de uma metodologia de ensino, e a metodologia de pesquisa é organizada de forma que esse produto possa ser aperfeiçoado. Nós, inclusive, sugerimos que um produto possa ser desenvolvido ao longo de várias dissertações e teses.

Um caso que ilustra essa relação, fora, inclusive, da área dos programas profissionais, é o GeoGebra, o software mais utilizado em Educação Matemática e também utilizado por matemáticos para pensar a Matemática. Esse software começou a ser desenvolvido na Áustria, em 2001, como resultado de uma pesquisa. Seu criador, Markus Hohenwarter, iniciou o projeto como parte de sua dissertação de mestrado na Universidade de Salzburg, e ele continuou sendo desenvolvido em universidades da Flórida, entre 2006 e 2009, e posteriormente na Universidade de Linz, em conjunto com desenvolvedores de softwares abertos e tradutores do mundo todo.[18]

[18] Disponível em: <https://en.wikipedia.org/wiki/GeoGebra>. Acesso em: 19 maio 2018.

Atualmente, é um dos softwares de Matemática dinâmica mais populares no mundo, que pode ser utilizado nos diversos níveis de ensino, reunindo Geometria, Álgebra, Planilha de Cálculo, Gráficos (inclusive aqueles em 3D), Probabilidade, Estatística e Cálculos Simbólicos em um único pacote. Ele também possibilita que programação seja desenvolvida. Ele possui uma comunidade de milhões de usuários em praticamente todos os países.[19] Muitos trabalhos de mestrado e doutorado estiveram (e estão) relacionados à sua utilização em atividades que envolvem ensino de Matemática, então, o software vem sendo aperfeiçoado ao longo do tempo, em vários lugares do mundo. Trata-se, portanto, de um movimento no qual as vozes se misturam, ora com as metodologias de ensino, ora com as metodologias de pesquisa, ora com ambas.

O GeoGebra, portanto, pode ser visto como um produto de um mestrado, onde nem havia obrigatoriedade de se ter um produto. Por outro lado, podemos pensar que vários mestrados e doutorados criaram produtos, uma sequência pedagógica, por exemplo, que instigasse a aprendizagem de um campo conceitual. E há aqueles que desenvolveram uma parte do programa, transformando as possibilidades do seu uso educacional, como no trabalho de Costa (2016).

As "vozes" ouvidas pelo pesquisador: pergunta e objetivo

Em síntese, a ideia que apresentamos neste capítulo é que uma pesquisa e, por conseguinte, sua materialização em forma de texto, pode ser "ouvida" a partir de diversas vozes. Mas quem rege essas vozes? Conforme dissemos no início deste capítulo, a metáfora das vozes teve como uma das inspirações a discussão sobre voz e perspectiva apresentada por Confrey (1998). Nós nos referimos, por exemplo, à voz da literatura, mas a voz da literatura está sujeita à perspectiva do pesquisador. Nós nos referimos também à voz dos

[19] Disponível em: <https://www.geogebra.org/about?ggbLang=pt_BR>. Acesso em: 19 maio 2018.

dados, mas a voz dos dados depende da perspectiva do pesquisador. Nós podemos ter várias vozes, mas a perspectiva é do pesquisador. Ou seja, quem amarra as vozes é o pesquisador, autor do relatório de pesquisa, da dissertação de mestrado ou tese de doutorado, e é isso que dá autoria ao trabalho.

Então a pergunta sobre quem rege essas vozes tem uma resposta óbvia: o pesquisador. Podemos imaginá-lo como um maestro buscando, todo o tempo, uma harmonia entre procedimentos metodológicos, referencial teórico, dados e, por fim, a escrita do texto. Conforme já elaboramos, podemos dizer que é uma voz individual, porém social, impregnada de interações, de contexto, de momento histórico.

Organizar essas ideias, no entanto, nem sempre é algo simples de ser realizado. Um exemplo é a construção do seu problema de pesquisa. No livro Pesquisa Qualitativa em Educação Matemática (Borba; Araújo, 2012), autores do GPIMEM e convidados já discutiam aspectos relativos à questão da mudança da pergunta de pesquisa no transcorrer de uma investigação. Como assim? A pergunta pode ser modificada durante o desenvolvimento de uma pesquisa? Não estaria o pesquisador sendo infiel ao seu problema inicial?

A resposta para esse questionamento é "Não!", e os autores justificam a possibilidade de mudança no texto. Aqui, acrescentamos que, à medida que caminhamos na pesquisa, conhecemos o caminho, e na medida em que conhecemos esse caminho, a pergunta pode ser aperfeiçoada.

> No início, portanto, antes que o pesquisador passe à construção propriamente dita [...], uma questão se impõe ao seu espírito. Ela pode ser geral ou precisa, mais simples no início e mais complexa depois [...] em certos casos, a questão permanece tal como foi proposta inicialmente, o pesquisador explorando uma ou outra de suas facetas; em outros casos, a questão será totalmente transformada, durante o processo (Deslauriers; Kérisit, 2012, p. 132).

Por exemplo, no início das pesquisas acerca da EaDonline, não se conhecia a internet da maneira que conhecemos hoje. Essa tecnologia hoje já está impregnada em nós, humanos, assim como ela mesma está impregnada de humanidade. Então, como formular uma pergunta de pesquisa nesse contexto, se o conhecimento da modalidade e da tecnologia que caracterizava a comunicação entre os participantes era limitado?

Ou seja, ao nos envolvermos com o processo, é de se pensar que os conceitos acerca do fenômeno estudado vão se modificando e, por conseguinte, modifica a pergunta. Além disso, se deixarmos a pergunta engessada, podemos torná-la algo óbvio. Voltando à EaDonline, por exemplo, no início do seu desenvolvimento, era natural perguntas do tipo: "Eu posso ensinar Matemática online?". Hoje, certamente, a resposta a essa pergunta seria óbvia: "Sim, é possível ensinar Matemática online". Atualmente, uma pesquisa que faria mais sentido seria: "De que formas é possível a Educação online?".

E o objetivo? Como esse personagem importante de uma pesquisa se relaciona com a pergunta? Como ele vai se modificando junto a ela? Ou ainda, objetivo e pergunta de pesquisa são as mesmas coisas? Se não, é necessário que ambos apareçam em uma pesquisa de pós-graduação, por exemplo? A ordem em que apresentaremos nossas respostas para essas perguntas não será a mesma que propomos.

Primeiramente, entendemos que pergunta (ou problema) de pesquisa e objetivo de pesquisa são partes diferentes de uma investigação. Perguntar, de acordo com alguns dicionários da língua portuguesa, significa indagar, investigar, procurar uma solução para um problema posto. Já o objetivo, mais uma vez recorrendo às definições dos dicionários, pode ser visto como aquilo que pretendemos alcançar por meio de uma ação, ou seja, em uma investigação, seria algo que almejamos atingir por meio dos dados produzidos.

Vejamos o exemplo a seguir:

- *Objetivo:* Investigar a maneira com que as relações pessoais são afetadas devido ao uso das redes sociais.
- *Pergunta:* Qual o impacto do uso excessivo das redes sociais nas relações pessoais dentro do ambiente familiar?

Observe a diferença entre ambos. Essa diferença não está apenas em aspectos semânticos, com o uso do verbo no infinitivo para o objetivo e o ponto de interrogação ao final da pergunta. A natureza dos conceitos também é diferente. No exemplo que citamos, a pesquisa teria uma meta a ser atingida, que é investigar a forma com que as relações pessoais serão afetadas a partir do uso das redes sociais. A pergunta (ou problema) de pesquisa, ao ser respondida, irá indicar se o objetivo foi atingido ou não. Por exemplo, uma possível resposta à pergunta poderia ser: "O uso excessivo das redes sociais causa um distanciamento físico entre os entes familiares", fato que irá afetar as relações pessoais.

Há ainda, assim como ocorre com a metodologia de pesquisa e a metodologia de ensino, alguma nebulosidade acerca das noções de objetivos específicos da pesquisa, objetivo de ensino, ou, com a criação de um contexto para a pesquisa. Por exemplo, em uma pesquisa podemos pensar no seguinte:

- *Objetivo da pesquisa*: Investigar o uso do Xadrez na assimilação de conceitos de análise combinatória.
- *Objetivo específico*: Investigar como o conceito de combinação linear pode ser assimilado com o uso do Xadrez.
- *Objetivo de ensino*: Melhorar o ensino de análise combinatória.
- *Cenário de investigação*: Criação de um torneio de Xadrez com alunos do segundo ano do ensino médio.

O leitor talvez não veja a possibilidade de confundir esses termos. Entretanto, é muito comum os dois últimos também serem colocados como objetivos específicos, embora tenha sido mais comum os pesquisadores terem optado por não descrever os objetivos específicos nas dissertações ou teses, ou ainda, quando colocam, não apresentam seu problema de pesquisa.

Ao olharmos para a questão do objetivo de ensino, esse, em geral, é o que resulta em produtos, como o GeoGebra, comentado na seção anterior. Ou seja, no transcorrer de uma pesquisa, um software é desenvolvido e aperfeiçoado para possibilitar o desenvolvimento da investigação, mas ao término da investigação, pode se tornar um aliado nas salas de aula. Há também momentos em que objetivos de pesquisa e de ensino se relacionam de forma íntima. No caso acima, por exemplo, teríamos a elaboração de uma atividade pedagógica para o ensino de análise combinatória com o uso do Xadrez.

Já no que diz respeito à criação de um cenário de investigação para a realização de uma pesquisa (ou de várias pesquisas), podemos citar como exemplo o I Festival de Vídeos Digitais e Educação Matemática.[20] Esse evento técnico-científico-artístico constitui parte de um projeto de pesquisa desenvolvido pelo primeiro autor deste livro e que se subdivide em outros projetos que lhe dão sustentação, compondo o que compreendemos pelo mosaico de pesquisa. Esse festival surgiu com a intenção de criar um espaço de interlocução virtual com a finalidade de divulgar e discutir ideias matemáticas nos diferentes níveis de ensino com as comunidades acadêmica e escolar. Além disso, o festival constituiu-se no principal cenário da pesquisa de Domingues e Borba (2018). Mais especificamente, os pesquisadores buscam compreender os motivos que levam os participantes do festival a participar dele.

De forma resumida, entendemos que seja possível confundir esses termos (objetivo de pesquisa, objetivos específicos, objetivos de ensino e cenário de investigação), mas é importante apontar as diferenciações entre cada um deles, até porque, em alguns casos, eles não são descritos em algumas pesquisas.

Se o leitor fizer uma busca rápida por algumas dissertações e teses disponíveis na internet, irá perceber que boa parte delas já não apresenta a pergunta e o objetivo da pesquisa descritos no texto e, no geral, optam apenas por um deles. Inclusive, alguns livros clássicos sobre pesquisa qualitativa sequer diferenciam os dois termos; não sabemos se por opção ou por, tão somente, não perceber a necessidade de fazê-lo.

E é nesse sentido que nos posicionamos com relação a esse assunto. Entendemos a pergunta e o objetivo em uma pesquisa com significados diferentes, mas acreditamos que não seja necessário que ambos apareçam no relatório da investigação. Temos certa

[20] Projetos financiados pelo CNPq sob os números 303326/2015-8 e 400590/2016-6. Mais informações sobre o Festival estão disponíveis em: <https://www.festivalvideomat.com/>. Acesso em: 8 jul. 2018.

preferência pela pergunta, porém, independentemente de ser a pergunta ou o objetivo, o que aparecer deve estar claro.

No capítulo 1 mencionamos que uma pergunta de pesquisa (ou problema de pesquisa) nasce de inquietações do investigador e, na área da Educação, essas inquietações surgem, em geral, da experiência na sala de aula. A pergunta vai buscar encontrar respostas para um fenômeno que ainda não esteja explicado, tratando-se de um problema ainda sem solução.

É importante que, ao escolher uma pergunta de pesquisa, ela seja possível de ser respondida ou, como já mencionamos, ela não deve tratar de explicar o óbvio. Por exemplo, um pesquisador não deve pensar em realizar uma pesquisa cuja pergunta seja como solucionar o problema da reprovação em determinada disciplina, pois mesmo o motivo sendo nobre, dificilmente encontrará uma resposta para tal. Também não deve iniciar uma pesquisa com o intuito de "reinventar a roda", ou seja, procurar algo que já existe.

Além disso, a pergunta e todo o relatório da pesquisa (monografia, dissertação, tese, etc.) devem ser descritos de forma simples, sem rodeios, sem palavras de difícil compreensão, para que não desmotivem o leitor, ou o distanciem das verdadeiras intenções do pesquisador.

> O estudo científico deve ser claro, interessante e objetivo, tanto para as pessoas familiarizadas com o assunto quanto para as que não são. A maior parte dos cientistas se perde em parágrafos herméticos que muitas vezes não são compreendidos nem pelos seus pares. O verdadeiro pesquisador não precisa utilizar termos obscuros para parecer profundo. A profundidade e seriedade do estudo pode ser mais bem percebida se o pesquisador utiliza uma linguagem compreensível para o maior número de leitores (Goldenberg, 1999, p. 72).

Voltando à discussão da mudança de pergunta e, certamente, do objetivo, esse processo não é algo tão simples de acontecer. É necessário que o pesquisador perceba, o quanto antes, que seus dados não estão respondendo a sua pergunta, ou que eles são insuficientes. Ouvir o que seus dados, seus referenciais teóricos e todas as outras vozes de sua pesquisa têm a dizer é algo que precisa ser muito bem assimilado pelo pesquisador e, a partir daí, há duas escolhas a se fazer: produzir mais dados para a pesquisa ou refletir acerca de qual pergunta os dados já produzidos podem responder.

Para melhor compreensão, deixamos um exercício para o leitor. Primeiramente, leia os trechos de uma entrevista realizada entre um dos autores deste livro e um personagem de sua pesquisa.

> **Helber:** Entrando agora na disciplina de Cálculo, o que você percebe da participação dos alunos? Eles usam o Moodle, certo? O que você sente da participação dos alunos? Boa, ruim?
>
> **Diego:** Eles usam o Moodle sim. Bem, isso varia de instituição para instituição. Por exemplo, na UNEB,[21] no curso de Matemática, os alunos têm uma boa participação nos fóruns. Isso é notório quando faço a comparação com os alunos da UNIFACS,[22] no curso de Sistemas da Informação. Lá eu tenho alguns problemas de interação com os alunos. Eu costumo trabalhar com arquivos, eu posto arquivos no AVA[23] e deixo como uma espécie de desafio e fico aguardando algum retorno, que eles possam fazer um comentário. Quando eu faço isso na UNIFACS, por exemplo, eu quase não recebo nenhum retorno, então para dar continuidade nesse processo, eu coloco a resolução da questão, aí eu vou trabalhando esse aspecto. Na UNEB é muito diferente. O aluno é muito participativo, até porque no mesmo fórum, todos os tutores, independente do polo, participam no mesmo fórum. Então é um fórum muito rico. O aluno que participa, ele consegue aprender, ele tem um resultado. Então assim, de instituição para instituição é isso que eu posso identificar em relação à disciplina de Cálculo. Realmente, no curso de Matemática da UNEB, é bem proveitoso esse trabalho, isso eu venho observando ao longo desses semestres.
>
> **Helber:** No caso, a comunicação que acontece no curso ocorre basicamente pelo fórum, ou existem outras maneiras?

[21] Universidade do Estado da Bahia (UNEB): <http://www.uneb.br/>.

[22] Universidade Salvador (UNIFACS): <http://www.unifacs.br/>.

[23] Ambiente Virtual de Aprendizagem (AVA).

Diego: Bem, assim, na UNEB é basicamente o fórum. Acredito que se usassem métodos, como o Skype, por exemplo, melhoraria ainda mais o rendimento.

Helber: Eu percebi que vocês utilizam o Wiris[24] na comunicação no fórum.

Diego: É, se bem que eu estou tendo alguns problemas com esse Wiris. Eu não estou conseguindo utilizar e outros tutores também não estão conseguindo utilizar. Eu já tentei fazer a... esqueci o termo agora... a atualização, outros tutores também não conseguiram. Então, para resolver esse problema eu tô criando, eu tô criando arquivos, num é? Eu pego o Equation e transformo num formato PDF e lanço lá. Quando não tem, ou quando o conteúdo matemático exige muita manipulação, eu faço direto. A gente tá tendo problemas com o Wiris e ela ajuda bastante, adianta bastante, porque não precisa pegar, criar o arquivo, já vai digitando no próprio AVA. Mas deve ser algum problema técnico. Então o Wiris é muito legal.

Helber: O GeoGebra, vocês usam?

Diego: Não. O GeoGebra, eu nunca utilizei no Cálculo.

Helber: Outra coisa que percebi foram alguns vídeos que o professor Marcos coloca no YouTube com vídeo aulas. Isso é comum?

Diego: Todas as disciplinas da UNEB usam bastante o vídeo. Assim, a vídeo-aula é algo institucional. Quando o aluno entra na EaD é um pouco impactante para ele, ele sente a falta física do professor, então o vídeo faz um pouco esse papel. Então, na disciplina de Cálculo tem os vídeos, na UNEB tem em todas as disciplinas. Eu acho que isso ajuda bastante, é um diferencial.

Helber: O que o pessoal usa em algumas instituições, nos fóruns, pelo menos no fórum da UNEB, eu não vi, o que o pessoal chama de podcast ou screencast. Por exemplo, o aluno põe uma dúvida e mesmo você respondendo no fórum, o aluno continua sem entender, então o professor (ou o tutor) grava o vídeo com a resolução da dúvida do aluno e aí ele posta no YouTube ou diretamente no Moodle.

---

[24] Plugin utilizado dentro de Ambientes Virtuais de Aprendizagem que permitem a escrita de expressões matemáticas.

> **Diego:** Aqui na UNEB eu não uso isso. Mas na UNIFACS a gente utiliza isso. Tem um programinha também chamado de... está me fugindo agora. Por exemplo, eu construo uma questão no Word mesmo. Eu faço um arquivo e dentro desse arquivo eu abro esse programa e ele grava a minha tela, ele grava só a minha tela, entendeu? Eu funciono como um piloto, eu aponto as coisas e ele vai demonstrando. É um programa de vídeo, só que ele capta a tela do meu computador e o áudio. Eu esqueci o nome desse programinha agora. A gente vai gravando a tela. Por exemplo, eu coloco um arquivo e a gente vai falando sobre cálculo de integrais, método das substituições, por exemplo, aí construo toda aquela questão. Pego um exemplo e vou construindo passo a passo como eu faço isso ou aquilo e vai gravando e aí eu posto no AVA.

Embora esses excertos correspondam apenas a um pequeno trecho de toda a entrevista, instigamos o leitor a refletir que pergunta(s) de pesquisa esses dados podem responder. E ainda, que objetivo(s) pode(m) ser alcançado(s) a partir de uma análise realizada? A resposta para esse problema prático de metodologia de pesquisa, posto ao leitor, será dada a seguir. Então, caso queira sua própria resposta, embora não tenha acesso a todos os dados, pare aqui e continue a leitura após ter anotado "a sua pergunta"!

Atividades como essa são realizadas nas turmas de pós-graduação lecionadas pelo primeiro autor deste livro, bem como em momentos em que o GPIMEM se reúne para discutir dados de pesquisas de seus membros. Esse exercício é importante na discussão acerca do caminho que "nossa pesquisa" está trilhando.

No caso em questão, a pergunta de pesquisa dos dados acima era: "Qual o papel das tecnologias digitais no ensino de Cálculo a distância?". Entretanto, essa pergunta foi se modificando à medida que os dados iam sendo produzidos. Por exemplo, ela iniciou-se por: "Qual o papel das tecnologias digitais na aprendizagem do Cálculo a distância?" e, em algum momento, caminhou pela pergunta: "Qual o papel das tecnologias digitais no ensino e na aprendizagem do Cálculo a distância?", até chegar à sua formulação final.

Capítulo V

Que vozes temos neste livro?

A reflexão crítica sobre a prática se torna uma exigência da relação Teoria/Prática sem a qual a teoria pode ir virando bláblábláe a prática, ativismo

(Freire, 1996, p. 22).

Se há tanta pesquisa em Educação no Brasil, por que a Educação não melhora em nosso país? Essa foi uma das questões que colocamos no início deste livro, a partir da qual discutimos a relação entre a pesquisa e a sala de aula.

Argumentamos que as pesquisas exercem influência na prática. Por outro lado, elas têm raízes no cotidiano da Educação. Assim, faz-se relevante estabelecer uma distinção entre prática pedagógica e pesquisa. Nesse sentido, apresentamos nosso entendimento a respeito de metodologia de ensino e metodologia de pesquisa, tendo como pano de fundo duas abordagens da pesquisa qualitativa: o experimento de ensino e a pesquisa colaborativa e em grupo.

Em seguida, focamos na pesquisa e discorremos sobre o ato de pesquisar, processo impregnado tanto de momentos solitários como de momentos coletivos, e propusemos a "metáfora das vozes na pesquisa". Utilizamos esta metáfora para ilustrar como um trabalho científico pode estar organizado.

As vozes dos alunos e dos professores – que chamamos às vezes de vozes dos dados – juntam-se à voz do autor da pesquisa na composição do texto final. Assim, ao discutir as diferentes vozes que temos em capítulos distintos, valorizamos a ideia de que a pesquisa, embora tenha autor individual, é coletiva. Trazer as vozes dos atores educacionais para a pesquisa pode ser um caminho para evitar a separação entre pesquisa e sala de aula.

O mesmo raciocínio pode ser feito para as vozes não humanas, ou seja, as tecnologias que nos cercam, nos moldam, e nos impregnam. Assim, entendemos que essa forma de pensar uma dissertação ou tese ajuda a relacionar internamente, e intrinsicamente, a Educação da escola com a Educação em teoria.

Em Borba, Malheiros e Amaral (2012), publicado originalmente em 2007, discutia-se se o ambiente virtual poderia ser considerado um ambiente natural, um ambiente onde a pesquisa poderia ser desenvolvida. Geralmente, o pesquisador qualitativo busca desenvolver a pesquisa no ambiente social onde há encontros. Assim, ele busca realizar pesquisas em sala de aula, na sua comunidade, no asilo, como forma de ver os atores envolvidos em seu ambiente e compreender mais a fundo a pergunta de pesquisa que ele tenha. Isso não é um dogma, já que muitas vezes são realizadas entrevistas como procedimento base da pesquisa, algo comum tanto na pesquisa em História Oral (Delgado, 2003) como na pesquisa qualitativa vista sob a égide da Fenomenologia (Bicudo, 2014; Wagner, 1979).

Há pesquisas que utilizam procedimentos de observação participante em um ambiente natural onde se dá a prática social (Goldenberg, 1999) e utilizam outros procedimentos como entrevista visando a uma triangulação dos dados, buscando confirmar compreensões obtidas através de um procedimento com outro (Araújo; Borba, 2012).

O procedimento é parte da pesquisa. Então, um resultado de pesquisa é moldado pela pergunta, pelos procedimentos, pela perspectiva de conhecimento, etc. Assim, o que se conhece está impregnado do caminho utilizado para conhecer. No ambiente virtual, com a possibilidade de realizar entrevista via internet, sem ter o "entre-vista", tudo parecia diferente. Já tendo discutido metodologia de pesquisa amplamente, durante anos, o grupo de pesquisa a que pertencemos se perguntava se isso era um ambiente natural. Houve uma rediscussão, e a conclusão, que parecia ousada, diante da prevalência de visões que viam o virtual como estranho, como algo feito pela tecnologia e, portanto, não sendo um ambiente natural. A visão de mundo, de tecnologia e, também, de como conhecer, sintetizada no construto seres-humanos-com-mídias (Borba, 1999; Borba; Villarreal, 2005) permitia que o grupo entendesse de forma antecipada o que hoje parece trivial: nossa vida virtual praticamente não se distingue da presencial!

O leitor interessado pode revisitar essa discussão em Borba, Malheiros e Amaral (2012), mas agora todas as formas de interações parecem naturais. Um de nós escreve uma parte do livro e se comunica com os outros dois por WhatsApp. Celular, tablet e computadores permeiam nossas vidas como as enxadas, o carro, o avião, o fogão. O WhatsApp, de certo modo, deveria ser coautor do livro. Sem ele, os autores – em Rio Claro, em Pombal (interior da Paraíba) e nos Estados Unidos – não poderiam desenvolver este livro de forma coletiva.

Nossas vozes e nossa perspectiva de autores são permeadas por tecnologias e, em particular, por tecnologias digitais. O conhecimento aqui sintetizado, que passa a ser informação para muitos e pode se tornar conhecimento para vários outros, é, o tempo todo, transformado por telas, teclados, comunicações virtuais e presenciais. Vivemos em um momento que há um entrelaçamento entre os espaços virtual e presencial. Conforme discutido, ainda de forma breve, em Borba (2012) as tecnologias digitais mudaram o conhecimento, a forma como conhecemos e a própria noção do que é ser humano!

É claro que temos vozes virtuais também! Sejam aquelas estocadas como informação, quando pensamos na internet como biblioteca; ou aquela que vê essa tecnologia como meio de comunicação, permitindo que vozes presenciais, como as de Helber e Telma, cheguem até Marcelo. As possibilidades de acessarmos livros inteiros ou artigos e discuti-los transforma a internet em coautora deste livro. Ela faz parte do coletivo pensante e da ecologia cognitiva (Lévy, 1993).

Se a internet é tão boa, para que precisamos de livros, uma tecnologia do tempo de Gutenberg? O leitor mais atento deve ter notado que não dissemos que ela é boa, mas sim que ela é distinta. Por exemplo, na biblioteca podemos fazer algo que é difícil fazer na internet: passear pelos corredores e encontrar o livro para o qual não "tínhamos palavra-chave" para procurar em uma ferramenta de busca como o Google. E, é claro, a possibilidade de sentar e ler, e interagir com livros e humanos é parte do estar na biblioteca, ou de estar nas grandes livrarias que valorizam o espaço da leitura.

Aplicativos como o WhatsApp, Facebook, correio eletrônico ou Skype moldam o texto usual e o transformam em um texto multimodal (Oechsler, 2018). Isso é bom ou ruim? É diferente, diríamos mais uma vez. Por outro lado, gostaríamos de defender a leitura de textos longos – as teses, os livros curtos como este, e os livros de fundo – como uma atividade fundamental para a pesquisa.

É necessário sair da zona de conforto de "cada clique um prazer". Assim, podemos nos concentrar em um livro, em uma dança, em uma ópera, em um teatro, em um jogo de futebol ou em uma praia. Balancear a experiência online com a offline parece ser um caminho produtivo e prazeroso.

Nesse caso, entendemos, como Lévy (1993), que uma mídia não substitui a outra. O WhatsApp, por exemplo, complementa a experiência offline e permite a escrita deste livro. Até o momento não concebemos que um conhecimento científico seja gerado sem livro – livro aqui entendido no sentido amplo, de um texto longo.

De forma semelhante, a pesquisa de Boito (2018) ilustra como o virtual está relacionado ao manipulável concreto. Ela usa o Minecraft – um jogo que pode ser manipulado digitalmente pela tela do computador – aliado ao uso de materiais concretos convencionais para o ensino de Geometria. O mesmo dedo que manipula a tela do celular para acessar o jogo é o que manipula o material concreto. Há uma aproximação de dois significados do digital, um associado ao virtual e outro, ao presencial.

É por isso que os três autores que defendem o uso intenso de tecnologias digitais em sala de aula e na pesquisa também defendem o livro, o texto longo, em todos os níveis da Educação, mas em particular na pós-graduação. É por isso que cada um de nós dedicou longos períodos à escrita de parte deste livro, mesmo que "com intervalos de internet". É por isso que, como educadores que acreditam na geração de conhecimento coletivo, dedicamos parte de nosso tempo "livre" para escrever um livro que esperamos interfira e o ajude na escrita de sua tese, dissertação, relatório científico ou livro!

Escrevemos este livro na esperança de transformar o mundo, de mudar o mundo pelas palavras. Não acreditamos na ideia de desenvolvermos uma teoria por ela mesma, tão criticada recentemente por Borba (2018) ao rejeitar a ideia de uma "Educação Matemática pura". Essa noção surge de uma crítica a uma Educação Matemática que pode se perder na verborragia e na santificação de autores. A pesquisa nessa "pureza" nunca articula teoria com prática. A Educação (Matemática) e outras áreas afins têm que articular teoria com a prática, sob pena de virar mero blá-blá-blá no caso de teoria que não retorne à prática, ou ativismo no caso de prática desprovida de discussão teórica, conforme nos lembra o mestre Paulo Freire. Assim é que escrevemos este livro sobre pesquisa, na busca de modificar o modo de fazer pesquisa e de ter uma discussão mais justa sobre a relação entre a pesquisa e a transformação da dura realidade vivenciada em diversos segmentos da Educação.

Questões para discussão

Este livro, de maneira geral, aborda a relação entre a sala de aula e a pesquisa. Isso é feito, principalmente, nos três primeiros capítulos. No quarto, fomos além, buscando trazer contribuições para que os relatórios de pesquisa - dissertações, teses, etc. - sejam problematizados. Assim, ao discutirmos a relação entre pesquisa e impacto no cotidiano, queremos também trazer uma reflexão sobre como se constitui uma dissertação ou tese, aquela que vai ou não influenciar o cotidiano da Educação. É assim que utilizamos a metáfora das vozes para debater os diferentes capítulos de textos dessa natureza.

Agora queremos deixar algumas questões relacionadas aos temas que abordamos, para reflexão individual ou para serem discutidas em duplas ou em grupo.

No capítulo 1, apresentamos a ideia de que muitas inquietações que dão origem às pesquisas surgem da sala de aula.

1) Se você já fez, ou está fazendo pesquisa, conhece outra que comporia um mosaico? Se você ainda não fez uma pesquisa, que pesquisa gostaria de fazer?
2) Você, que é professor, lê pesquisas relacionadas à sua área de atuação? Em caso afirmativo, de que forma sua leitura

sobre pesquisas pode influenciar sua sala de aula? Você busca utilizá-las em sua prática?

No capítulo 2, fazemos uma distinção entre metodologia de ensino e metodologia de pesquisa. Também afirmamos que ação pedagógica e pesquisa não são a mesma coisa.

3) Você consegue discutir a diferença entre relato de experiência e pesquisa?

Durante todo o livro, nosso foco estava nas pesquisas qualitativas. No capítulo 4, no entanto, comentamos que há um novo tipo de pesquisa que tem se destacado ultimamente, as qualiquantitativas.

4) Em que diferem a pesquisa qualitativa e quantitativa?
5) Existiriam problemas em adicionar dados quantitativos em uma pesquisa qualitativa?
6) Será que dois investigadores que estudam independentemente o mesmo local ou os mesmos sujeitos chegarão às mesmas conclusões?

No capítulo 4, nós usamos a metáfora das vozes para falar sobre a organização do relato da pesquisa.

7) Você trabalharia com as vozes de outra maneira ou teria um outro design ou organização para pensar em diferentes capítulos?
8) Que atitude devemos tomar quanto ao ato de transcrever? Transcrever ou descrever?

No capítulo 4, também discutimos sobre objetivo e pergunta.

9) Qual sua conceituação para objetivo e pergunta?
10) Nas pesquisas que você lê, você normalmente encontra objetivo ou pergunta norteadora ou pergunta de pesquisa?

Na parte final do livro, argumentamos que as tecnologias digitais não são, muitas vezes, utilizadas nos cursos a distância.

11) Quais tecnologias digitais são utilizadas nos cursos presenciais?

E agora, caro leitor, queremos ouvir a sua voz. Se você tiver outra pergunta ou quiser continuar a discussão, envie um e-mail para nós ou crie um ambiente de discussão e nos convide.

Marcelo de Carvalho Borba
marcelo.c.borba@unesp.br

Helber Rangel Formiga Leite de Almeida
helber.rangel@gmail.com

Telma Aparecida de Souza Gracias
telmagracias@hotmail.com

Gostaria de conhecer mais sobre os autores e os trabalhos do GPIMEM?

Acesse:

Referências

ALMEIDA, H. R. F. L. DE. *Polidocentes-com-Mídias e o ensino de Cálculo I.* Rio Claro: UNESP, 2016. 219 f. Tese (Doutorado em Educação Matemática) – Programa de Pós-Graduação em Educação Matemática, Universidade Estadual Paulista, Rio Claro, 2016.

ANASTASIOU, L. G. Metodologia do ensino: primeiras aproximações. *Educar em Revista*, v. 13, p. 93–100, 1997.

ARAÚJO, J. L.; BORBA, M. C. Construindo Pesquisas Coletivamente em Educação Matemática. In: BORBA, M. C.; ARAÚJO, J. L. (Org.). *Pesquisa Qualitativa em Educação Matemática*. 4. ed. Belo Horizonte: Autêntica, 2012. p. 31-51.

ARAÚJO, J. L.; CAMPOS, I. Quando pesquisa e prática pedagógica acontecem simultaneamente no ambiente de modelagem matemática: problematizando a dialética pesquisador|professor. *Acta Scientiae*, v. 17, n. 2, p. 321 339, 2015.

ARAÚJO, J. L.; CAMPOS, I. S.; FREITAS, W. S. Prática pedagógica e pesquisa em modelagem na Educação Matemática. In: SEMINÁRIO INTERNACIONAL DE PESQUISAS EM EDUCAÇÃO MATEMÁTICA, 5., 2012, Petrópolis. *Anais*... Petrópolis: [s.n.], 2012.

BAHIA, N.; SOUZA, R. M. Q. *Quem quer ser professor? Um estudo sobre as trajetórias formativa e profissional de egressos do PIBID/UMESP*. Rio de Janeiro: Albatroz, 2017.

BARRETO, M. DE F. T.; NASCIMENTO, F. C. Jogos digitais na educação infantil. In: BICUDO, M. A. V. (Org.). *Ciberespaço: possibilidades que abre ao mundo da educação*. São Paulo: Livraria da Física, 2014. p. 249-281.

BENEDETTI, F. C. *Funções. Software Gráfico e Coletivos Pensantes*. Rio Claro: UNESP, 2003. 316 f. Dissertação (Mestrado em Educação Matemática) – Programa de Pós-Graduação em Educação Matemática, Universidade Estadual Paulista, Rio Claro, 2003.

BICUDO, M. A. V. (Org.). *Ciberespaço: possibilidades que abre ao mundo da educação*. São Paulo: Livraria da Física, 2014.

BICUDO, M. A. V. Pesquisa qualitativa e pesquisa qualitativa segundo a abordagem fenomenológica. In: BORBA, M. C.; ARAÚJO, J. L. (Org.). *Pesquisa qualitativa em Educação Matemática*. Belo Horizonte: Autêntica, 2004. p. 99-112.

BICUDO, M. A. V.; GARNICA, A. V. M. *Filosofia da Educação Matemática*. 4. ed. Belo Horizonte: Autêntica, 2011.

BICUDO, M. A. V. Pesquisa em Educação Matemática. *Pró-posições*, v. 13, n. 1, p. 18–23, 1993.

BOGDAN, R.; BIKLEN, S. *Investigação Qualitativa em Educação: uma introdução à teoria e aos métodos*. Porto (PT): Porto, 1994.

BOITO, P. *Minecraft: um aliado no processo de ensino e aprendizagem da geometria espacial*. Passo Fundo: UPF, 2018. Dissertação (Mestrado em Ensino de Ciências e Matemática) - Instituto de Ciências Exatas e Geociências, Universidade de Passo Fundo, Passo Fundo, 2018.

BORBA, M. C. A pesquisa qualitativa em Educação Matemática. In: REUNIÃO ANUAL DA ANPED, 27., 2004, Caxambu-MG. *Anais*... Caxambu-MG: [s.n.], 2004. p. 1–18.

BORBA, M. C. Coletivos seres-humanos-com-mídias e a produção de Matemática. In: SIMPÓSIO BRASILEIRO DE PSICOLOGIA DA EDUCAÇÃO MATEMÁTICA, 1., 2001, Curitiba. *Anais*... Curitiba: UFPR; PUCPR; UTP, 2001.

BORBA, M. C. ERME as a Group: Questions To Mould Its identity? In: DREYFUS, T. *et al.* (Org.). *Developing Research in Mathematics Education: Twenty Years of Communication, Cooperation and Collaboration in Europe*. London; New York: Routledge, 2018.

BORBA, M. C. Humans-with-Media and Continuing Education for Mathematics Teachers in Online Environments. *ZDM*, Berlim, v. 44, p. 802–814, 2012.

BORBA, M. C. Pesquisa, extensão e ensino em informática e Educação Matemática. In: PENTEADO, M. G.; BORBA, M. C. (Org.). *A informática em ação: formação de professores, pesquisa e extensão*. 1. ed. São Paulo: Olhos d'Agua, 2000. p. 46-66.

BORBA, M. C. Tecnologias Informáticas na Educação Matemática e reorganização do pensamento. In: BICUDO, M. A. V. *Pesquisa em Educação Matemática: concepções e perspectivas*. São Paulo: Ed. da UNESP, 1999. p. 285-295.

BORBA, M. C.; ALMEIDA, H. R. F. L. *As Licenciaturas em Matemática da Universidade Aberta do Brasil (UAB): uma visão a partir da utilização das Tecnologias Digitais*. São Paulo: Livraria da Física, 2015.

BORBA, M. C.; ARAÚJO, J. L. (Org.). *Pesquisa Qualitativa em Educação Matemática*. 4. ed. Belo Horizonte: Autêntica, 2012.

BORBA, M. C.; CHIARI, A. S. S.; ALMEIDA, H. R. F. L. Interactions in Virtual Learning Environments: New Roles for Digital Technology. *Educational Studies in Mathematics*, 2018.

BORBA, M. C.; CHIARI, A. S. S. *Tecnologias Digitais e Educação Matemática*. São Paulo: Livraria da Física, 2013.

BORBA, M. C.; GRACIAS, T. A.; CHIARI, A. S. S. Retratos da pesquisa em Educação Matemática online no GPIMEM: um diálogo assíncrono com quinze anos de intervalo. *Educação Matemática Pesquisa*, v. 17, n. 5, p. 843–869, 2015.

BORBA, M. C.; LLINARES, S. Online Mathematics Teacher Education: Overview of an Emergent Field of Research. *ZDM*, Berlim, v. 44, 2012.

BORBA, M. C.; MALHEIROS, A. P. S.; AMARAL, R. B. *Educação a Distância online*. 3. ed. Belo Horizonte: Autêntica, 2012.

BORBA, M. C.; PENTEADO, M. G. *Informática e Educação Matemática*. 1. ed. Belo Horizonte: Autêntica, 2001.

BORBA, M. C.; SCUCUGLIA, R. R. S.; GADANIDIS, G. *Fases das Tecnologias Digitais em Educação Matemática: sala de aula e internet em movimento*. 2. ed. Belo Horizonte: Autêntica, 2018.

BORBA, M. C.; VILLARREAL, M. E. *Humans-With-Media and the Reorganization of Mathematical Thinking: Information and Communication Technologies, Modeling, Experimentation and Visualization*. New York: Springer, 2005. v. 39.

BRASIL. Ministério da Educação. Portaria Normativa nº 17, de 28 de dezembro de 2009. Dispõe sobre o mestrado profissional no âmbito da Fundação Coordenação de Aperfeiçoamento de Pessoal de Nível Superior – CAPES. *Diário Oficial [da] República Federativa do Brasil*, Brasília, DF, 29 de dezembro de 2009.

BRAGA, L. S. *Tecnologias Digitais na Educação Básica: Um retrato de aspectos evidenciados por professores de Matemática em Formação Continuada*. Rio Claro: UNESP, 2016. 142 f. Dissertação (Mestrado em Educação Matemática) – Programa de Pós-Graduação em Educação Matemática, Universidade Estadual Paulista, Rio Claro, 2016.

CALDATTO, M. E. *O PROFMAT e a formação do professor de matemática: uma análise curricular a partir de uma perspectiva processual e descentralizadora*. Maringá: UEM, 2015. 415 f. Tese (Doutorado em Educação para a Ciência e a Matemática) – Programa de Pós-Graduação em Educação para Ciência e Matemática, Universidade Estadual de Maringá, Maringá, 2015.

CALORE, A. C. DE O. *As "ticas" de "matema" do aluno deficiente visual: contribuições à Educação Matemática*. Rio Claro: UNESP, 2006. Tese (Doutorado em Educação Matemática) – Programa de Pós-Graduação em Educação Matemática, Universidade Estadual Paulista, Rio Claro, 2006.

CAPES. *Observatório da Educação*. Disponível em: <http://www.capes.gov.br/educacao-basica/observatorio-da-educacao>. Acesso em: 2 jul. 2017.

CARR, N. *The Shallows: What the Internet is Doing to our Brains*. New York: WW Norton & Company, 2010.

CHIARI, A. S. S. *O papel das tecnologias digitais em disciplinas de Álgebra Linear a distância: possibilidades, limites e desafios*. Rio Claro: UNESP, 2015. 200 f. Tese (Doutorado em Educação Matemática) - Programa de Pós-Graduação em Educação Matemática, Universidade Estadual Paulista, Rio Claro, 2015.

CHINELLATO, T. G. *O uso do computador em escolas públicas estaduais da cidade de Limeira/SP*. Rio Claro: UNESP, 2014. 104 f. Dissertação (Mestrado em Educação Matemática) - Programa de Pós-Graduação em Educação Matemática, Universidade Estadual Paulista, Rio Claro, 2014.

COBB, P.; STEFFE, L. The Constructivist Researcher as Teacher and Model Builder. *Journal for Research in Mathematics Education*, v. 14, p. 83–94, 1983.

CONFREY, J. Voice and Perspective: Hearing Epistemological Innovations in Student Words. In: LANROCHELLE, M.; GARRISON, J. (Org.). *Constructivism and Education*. Boston, MA: Cambridge University Press, 1998.

COSTA, J. L. *Atividades docentes de uma professora de Matemática: artefatos mediadores na EAD*. Belo Horizonte: UFMG, 2016. Tese (Doutorado em Educação - Conhecimento e Inclusão Social) - Faculdade de Educação, Universidade Federal de Minas Gerais, 2016.

D'AMBROSIO, U. A Metáfora das Gaiolas Epistemológicas e uma Proposta Educacional. *Perspectivas da Educação Matemática*, v. 9, n. 20, p. 222–234, 2016.

D'AMBROSIO, U. Prefácio. In: BORBA, M. C.; ARAÚJO, J. L. (Org.). *Pesquisa Qualitativa em Educação Matemática*. Belo Horizonte: Autêntica, 2004. p. 11-22.

DELGADO, L. A. N. História Oral e Narrativa: tempo, memória e identidades. *História Oral*, v. 6, p. 9–25, 2003.

DESLAURIERS, J.-P.; KÉRISIT, M. O delineamento de pesquisa qualitativa. In: POUPART, J. *et al. A Pesquisa Qualitativa: enfoques epistemológicos e metodológicos*. Petrópolis: Vozes, 2012. p. 127-153.

DI MAIO, A. C.; SETZER, A. W. Educação, Geografia e o desafio de novas tecnologias. *Revista Portuguesa de Educação*, Minho (PT), v. 24, n. 2, p. 211–241, 2011.

DOMINGUES, N. S.; BORBA, M. C. Compreendendo o I Festival de Vídeos Digitais e Educação Matemática. *Revista da Sociedade Brasileira de Educação Matemática - Regional São Paulo*, v. 15, n. 18, p. 47–68, 2018.

FARIA, R. W. S. DE C. *Raciocínio proporcional: Integrando Aritmética, Geometria e Álgebra com o GeoGebra*. Rio Claro: UNESP, 2016. 278 f. Tese (Doutorado em

Educação Matemática) – Programa de Pós-Graduação em Educação Matemática, Universidade Estadual Paulista, Rio Claro, 2016.

FIORENTINI, D. Pesquisar práticas colaborativas ou pesquisar colaborativamente? In: BORBA, M. C.; ARAUJO, J. L. (Org.). *Pesquisa Qualitativa em Educação Matemática*. 5. ed. Belo Horizonte: Autêntica, 2014. p. 53-85.

FREIRE, P. *Pedagogia da Autonomia: saberes necessários à prática educativa*. 41. reimp. São Paulo: Paz e Terra, 1996.

GAMBOA, S. S. As condições da produção científica em Educação: do modelo de áreas de concentração aos desafios das linhas de pesquisa. *ETD – Educação Temática Digital*, v. 4, n. 2, p. 78–93, 2003.

GLASER, B. G.; STRAUSS, A. *The Discovery of Grounded Theory: Strategies for Qualitative Research*. London: Weidenfeld and Nicolson, 1967.

GOLDENBERG, M. *A arte de pesquisar: como fazer pesquisa qualitativa em Ciências Sociais*. 3. ed. Rio de Janeiro: Record, 1999.

GRACIAS, T. A. *A natureza da reorganização do pensamento em um curso a distância sobre Tendências em Educação Matemática*. Rio Claro: UNESP, 2003. 165 f. Tese (Doutorado em Educação Matemática) – Programa de Pós-Graduação em Educação Matemática, Universidade Estadual Paulista, Rio Claro, 2003.

GREGORUTTI, G. S. *Performance matemática digital e imagem pública da Matemática: viagem poética na formação inicial de professores*. Rio Claro: UNESP, 2016. 165 f. Dissertação (Mestrado em Educação Matemática) – Programa de Pós-Graduação em Educação Matemática, Universidade Estadual Paulista, Rio Claro, 2016.

IBIAPINA, I. M. L. M. *Pesquisa colaborativa: Investigação, formação e produção de conhecimentos*. Brasília: Liber Livro, 2008.

JAVARONI, L. J.; SANTOS, S. C.; BORBA, M. C. Tecnologias digitais na produção e análise de dados qualitativos. *Educação Matemática Pesquisa*, v. 13, n. 1, p. 197–218, 2011.

JORGE, T. C. A.; SOVIERZOSKI, H. H.; BORBA, M. C. A Área de Ensino após a avaliação quadrienal da CAPES: reflexões fora da caixa, inovações e desafios em 2017. *Revista Brasileira de Ensino de Ciência e Tecnologia*, v. 10, n. 3, p. 1–15, 2017.

KLINE, M. *O fracasso da Matemática moderna*. São Paulo: Ibrasa, 1976.

KLUTH, V. S. Matemática em ação: um subprojeto Pibid vinculado à Licenciatura em Ciências da UNIFESP – câmpus Diadema. In: CARVALHO, J. P. F. (Org.). *Desafios da formação inicial docente no contexto do Pibid: experiências de formação de professores nos arrabaldes das cidades de Diadema e Guarulhos, SP*. São Paulo: Paco, 2017.

LACERDA, H. D. G. *Educação Matemática Encena*. Rio Claro: UNESP, 2015. 179 f. Dissertação (Mestrado em Educação Matemática) – Programa de Pós-

Graduação em Educação Matemática, Universidade Estadual Paulista, Rio Claro, 2015.

LEFEVRE, F.; LEFEVRE, A. M. *Pesquisa de representação social: um enfoque qualiquantitativo: a metodologia do discurso do sujeito coletivo*. 2. ed. Brasília: Liber Livro, 2012. (Pesquisa, 20).

LÉVY, P. *As tecnologias da inteligência: o futuro do pensamento na era da informática*. Rio de Janeiro: Ed. 34, 1993.

LINCOLN, Y. S.; GUBA, E. G. *Naturalistic Inquiry*. Londres: Sage Publications, 1985.

MALTEMPI, M. V.; JAVARONI, S. L.; BORBA, M. C. Calculadoras, computadores e Internet em Educação Matemática - dezoito anos de pesquisa. *Bolema, Boletim de Educação Matemática*, v. 25, p. 43-72, 2011.

MALTEMPI, M. V.; MALHEIROS, A. P. S. Online Distance Mathematics Education in Brazil: Research, Practice and Policy. *ZDM Mathematics Education*, v. 42, p. 291-303, 2010.

MIGUEL, A.; MIORIM, M. A. *História na Educação Matemática - Propostas e desafios*. Belo Horizonte: Autêntica, 2007. (Coleção Tendências em Educação Matemática).

MOREIRA, M. A.; NARDI, R. O mestrado profissional na Área de Ensino de Ciências e Matemática: alguns esclarecimentos. *Revista Brasileira de Ensino de Ciência e Tecnologia*, v. 2, n. 3, p. 1-9, 2009.

MOREIRA, P. C.; DAVID, M. M. M. S. A *Formação Matemática do Professor*. Belo Horizonte: Autêntica, 2005.

NUNES, F. B. et al. Laboratório Virtual de Química: uma ferramenta de estímulo à prática de exercícios baseada no Mundo Virtual OpenSim. In: CONGRESSO BRASILEIRO DE INFORMÁTICA NA EDUCAÇÃO, 3., 2014, Dourados. SIMPÓSIO BRASILEIRO DE INFORMÁTICA NA EDUCAÇÃO, 25., 2014, Dourados. *Anais*... Dourados: [s.n.], 2014.

OECHSLER, V. *Comunicação multimodal: produção de vídeos em aulas de Matemática*. 2018. Rio Claro: UNESP, 2018. Tese (Doutorado em Educação Matemática) - Programa de Pós-Graduação em Educação Matemática, Universidade Estadual Paulista, Rio Claro, 2018.

OLIVEIRA, F. T. *A inviabilidade do uso das tecnologias da informação e comunicação no contexto escolar: o que contam os professores de Matemática?* Rio Claro: UNESP, 2014. 169 f. Dissertação (Mestrado em Educação Matemática) - Programa de Pós-Graduação em Educação Matemática, Universidade Estadual Paulista, Rio Claro, 2014.

PERALTA, P. Utilização das Tecnologias Digitais por Professores de Matemática: um olhar para a região de São José do Rio Preto. Rio Claro: UNESP, 2015. 119 f.

Dissertação (Mestrado em Educação Matemática) – Programa de Pós-Graduação em Educação Matemática, Universidade Estadual Paulista, Rio Claro, 2015.

PORTAL BRASIL. *Piso salarial dos professores tem reajuste e sobe para R$ 2.298,80 em 2017*. Disponível em: <http://www.brasil.gov.br/educacao/2017/01/piso-salarial-dos-professores-tem-reajuste-e-sobe-para-2-298-em-2017>. Acesso em: 2 maio 2017.

ROMANELLO, L. A. *Potencialidades do uso do celular na sala de aula: atividades investigativas para o ensino de função*. Rio Claro: UNESP, 2016. 135 f. Dissertação (Mestrado em Educação Matemática) – Programa de Pós-Graduação em Educação Matemática, Universidade Estadual, Rio Claro, 2016.

SCHEFFER, N. F. *Corpo – Tecnologias – Matemática: uma interação possível no Ensino Fundamental*. Erechim (RGS): EDIFAPES, 2002.

SCUCUGLIA, R. R. S. *A investigação do Teorema Fundamental do Cálculo com Calculadoras Gráficas*. Rio Claro: UNESP, 2006. 145 f. Dissertação (Mestrado em Educação Matemática) – Programa de Pós-Graduação em Educação Matemática, Universidade Estadual Paulista, Rio Claro, 2006.

SCUCUGLIA, R. R. S. *On the Nature of Student's Digital Mathematical Performances: When Elementary School Students Produce Mathematical Multimodal Artistic Narratives*. Saarbrücken (GER): Verlag/Lap Lambert Academic Publishing, 2012.

SELVA, A.; BORBA, R. *O uso da calculadora nos anos iniciais do Ensino Fundamental*. Belo Horizonte: Autêntica, 2010.

SILVEIRA, H. E. *Caminhos e descaminhos do Pibid no cenário atual – exclusivo*. Disponível em: <http://pensaraeducacao.com.br/pensaraeducacaoempauta/caminhos-e-descaminhos-do-pibid-no-cenario-atual-exclusivo/>. Acesso em: 30 jul. 2018.

SOCIEDADE BRASILEIRA DE MATEMÁTICA. *Apresentação: o PROFMAT*. Mestrado Profissional em Matemática em Rede Nacional. Disponível em: < http://www.profmat-sbm.org.br/organizacao/apresentacao/>. Acesso em: 20 jul. 2018.

SOUTO, D. L. P. ; BORBA, M. C. . Seres humano-com-internet ou internet-com-seres humanos: Uma troca de papéis? *Revista Latinoamericana de Investigación en Matemática Educativa*, v. 19, p. 217-242, 2016.

SOUZA, T. A. *Calculadoras Gráficas: uma proposta didático-pedagógica para o tema funções quadráticas*. Rio Claro: UNESP, 1996. 221 f. Dissertação (Mestrado em Educação Matemática) – Programa de Pós-Graduação em Educação Matemática, Universidade Estadual Paulista, Rio Claro, 1996.

STEFFE, L.; THOMPSON, P. W. Teaching Experiment Methodology: Underlying Principles and Essentials Elements. In: LESH, R.; KELLY, A. E. (Org.). *Research Design in Mathematics and Science Education*. Hillsdale (MI): Erlbaum, 2000. p. 267–307.

TEIXEIRA, A. Mestres de amanhã. *Revista Brasileira de Estudos Pedagógicos*, v. 40, n. 92, p. 10-19, 1963.

TIKHOMIROV, O. K. The Psychological Consequences of Computerization. In: WERTSCH, J. V. *The Concept of Activity in Soviet Psychology*. New York: M. E. Sharpe. Inc, 1981. p. 256-278.

TINTI, D. S.; RAMOS, W. R.; MANRIQUE, A. L.; PASSOS, L. F. OBEDUC: análise de aprendizagens docentes num contexto formativo sobre resolução de problemas. *Zetetiké*, v. 24, n. 45, p. 29-41, 2016.

VILLARREAL, M. E.; BORBA, M. C.; ESTELEY, C. Voices from the South: Digital Relationships and Collaboration in the Mathematics Education. In: ATWEH, B. *et al.* (Org.). *Internationalisation and Globalisation in the Mathematics and Science Education*. Berlim: Springer, 2007. p. 1-20.

WAGNER, H. A abordagem fenomenológica da sociologia. In: SCHÜTZ, A. *Fenomenologia e relações sociais*. Rio de Janeiro: Zahar, 1979.

WASSEN, J. *A excelência nos programas de Pós-Graduação em Educação: visão de coordenadores*. Campinas: Unicamp, 2014. Tese (Doutorado em Educação, Área de Concentração em Ensino e Práticas Culturais) - Faculdade de Educação, Universidade Estadual de Campinas, Campinas, 2014.

Outros títulos da coleção

Tendências em Educação Matemática

A matemática nos anos iniciais do ensino fundamental – Tecendo fios do ensinar e do aprender

Autoras: *Adair Mendes Nacarato, Brenda Leme da Silva Mengali, Cármen Lúcia Brancaglion Passos*

Neste livro, as autoras discutem o ensino de Matemática nas séries iniciais do ensino fundamental num movimento entre o aprender e o ensinar. Consideram que essa discussão não pode ser dissociada de uma mais ampla, que diz respeito à formação das professoras polivalentes – aquelas que têm uma formação mais generalista em cursos de nível médio (Habilitação ao Magistério) ou em cursos superiores (Normal Superior e Pedagogia). Nesse sentido, elas analisam como têm sido as reformas curriculares desses cursos e apresentam perspectivas para formadores e pesquisadores no campo da formação docente. O foco central da obra está nas situações matemáticas desenvolvidas em salas de aula dos anos iniciais. A partir dessas situações, as autoras discutem suas concepções sobre o ensino de Matemática a alunos dessa escolaridade, o ambiente de aprendizagem a ser criado em sala de aula, as interações que ocorrem nesse ambiente e a relação dialógica entre alunos-alunos e professora-alunos que possibilita a produção e a negociação de significado.

Afeto em competições matemáticas inclusivas – A relação dos jovens e suas famílias com a resolução de problemas

Autoras: *Nélia Amado, Susana Carreira, Rosa Tomás Ferreira*

As dimensões afetivas constituem variáveis cada vez mais decisivas para alterar e tentar abolir a imagem fria, pouco entusiasmante e mesmo intimidante da Matemática aos olhos de muitos jovens e adultos. Sabe-se atualmente, de forma cabal, que os afetos (emoções, sentimentos, atitudes, percepções...) desempenham um papel central na aprendizagem da Matemática, designadamente na atividade de resolução de problemas. Na sequência do seu envolvimento em competições matemáticas inclusivas baseadas na internet, Nélia Amado, Susana Carreira e Rosa Tomás Ferreira debruçam-se sobre inúmeros dados e testemunhos que foram reunindo, através de questionários, entrevistas e conversas informais com alunos e pais, para caracterizar as dimensões afetivas presentes na participação de jovens alunos (dos 10 aos 14 anos) nos campeonatos de resolução de problemas SUB12 e SUB14. Neste livro, o leitor é convidado a percorrer várias das dimensões afetivas envolvidas na resolução de problemas desafiantes. A compreensão dessas dimensões ajudará a melhorar a relação das crianças e dos adultos com a Matemática e a formular uma imagem da Matemática mais humanizada, desafiante e emotiva.

Álgebra para a formação do professor - Explorando os conceitos de equação e de função
Autores: *Alessandro Jacques Ribeiro, Helena Noronha Cury*

Neste livro, Alessandro Jacques Ribeiro e Helena Noronha Cury apresentam uma visão geral sobre os conceitos de equação e de função, explorando o tópico com vistas à formação do professor de Matemática. Os autores trazem aspectos históricos da constituição desses conceitos ao longo da História da Matemática e discutem os diferentes significados que até hoje perpassam as produções sobre esses tópicos. Com vistas à formação inicial ou continuada de professores de Matemática, Alessandro e Helena enfocam, ainda, alguns documentos oficiais que abordam o ensino de equações e de funções, bem como exemplos de problemas encontrados em livros didáticos. Também apresentam sugestões de atividades para a sala de aula de Matemática, abordando os conceitos de equação e de função, com o propósito de oferecer aos colegas, professores de Matemática de qualquer nível de ensino, possibilidades de refletir sobre os pressupostos teóricos que embasam o texto e produzir novas ações que contribuam para uma melhor compreensão desses conceitos, fundamentais para toda a aprendizagem matemática.

Análise de erros - O que podemos aprender com as respostas dos alunos
Autora: *Helena Noronha Cury*

Neste livro, Helena Noronha Cury apresenta uma visão geral sobre a análise de erros, fazendo um retrospecto das primeiras pesquisas na área e indicando teóricos que subsidiam investigações sobre erros. A autora defende a ideia de que a análise de erros é uma abordagem de pesquisa e também uma metodologia de ensino, se for empregada em sala de aula com o objetivo de levar os alunos a questionarem suas próprias soluções. O levantamento de trabalhos sobre erros desenvolvidos no país e no exterior, apresentado na obra, poderá ser usado pelos leitores segundo seus interesses de pesquisa ou ensino. A autora apresenta sugestões de uso dos erros em sala de aula, discutindo exemplos já trabalhados por outros investigadores. Nas conclusões, a pesquisadora sugere que discussões sobre os erros dos alunos venham a ser contempladas em disciplinas de cursos de formação de professores, já que podem gerar reflexões sobre o próprio processo de aprendizagem.

Aprendizagem em Geometria na educação básica – A fotografia e a escrita na sala de aula
Autores: *Cleane Aparecida dos Santos, Adair Mendes Nacarato*

Muitas pesquisas têm sido produzidas no campo da Educação Matemática sobre o ensino de Geometria. No entanto, o professor, quando deseja implementar atividades diferenciadas com seus alunos, depara-se com a escassez de materiais publicados. As autoras, diante dessa constatação, constroem, desenvolvem e analisam uma proposta alternativa para explorar os conceitos geométricos, aliando o uso de imagens fotográficas às produções escritas dos alunos. As autoras almejam que o compartilhamento da experiência vivida possa contribuir tanto para o campo da pesquisa quanto para as práticas pedagógicas dos professores que ensinam Matemática nos anos iniciais do ensino fundamental.

Brincar e jogar – enlaces teóricos e metodológicos no campo da Educação Matemática
Autor: *Cristiano Alberto Muniz*

Neste livro, o autor apresenta a complexa relação jogo/ brincadeira e a aprendizagem matemática. Além de discutir as diferentes perspectivas da relação jogo e Educação Matemática, ele favorece uma reflexão do quanto o conceito de Matemática implica a produção da concepção de jogos para a aprendizagem, assim como o delineamento conceitual do jogo nos propicia visualizar novas possibilidades de utilização dos jogos na Educação Matemática. Entrelaçando diferentes perspectivas teóricas e metodológicas sobre o jogo, ele apresenta análises sobre produções matemáticas realizadas por crianças em processo de escolarização em jogos ditos espontâneos, fazendo um contraponto às expectativas do educador em relação às suas potencialidades para a aprendizagem matemática. Ao trazer reflexões teóricas sobre o jogo na Educação Matemática e revelar o jogo efetivo das crianças em processo de produção matemática, a obra tanto apresenta subsídios para o desenvolvimento da investigação científica quanto para a práxis pedagógica por meio do jogo na sala de aula de Matemática.

Da etnomatemática a arte-design e matrizes cíclicas
Autor: *Paulus Gerdes*

Neste livro, o leitor encontra uma cuidadosa discussão e diversos exemplos de como a Matemática se relaciona com outras atividades humanas. Para o leitor que ainda não conhece o trabalho de Paulus Gerdes, esta publicação sintetiza uma parte considerável da obra desenvolvida pelo autor ao longo dos últimos 30 anos. E para quem já conhece as pesquisas de Paulus, aqui são abordados novos tópicos, em especial as matrizes cíclicas, ideia que supera não só a noção de que a Matemática é independente de contexto e deve ser pensada como o símbolo da pureza, mas também quebra, dentro da própria Matemática, barreiras entre áreas que muitas vezes são vistas de modo estanque em disciplinas da graduação em Matemática ou do ensino médio.

Descobrindo a Geometria Fractal – Para a sala de aula
Autor: *Ruy Madsen Barbosa*

Neste livro, Ruy Madsen Barbosa apresenta um estudo dos belos fractais voltado para seu uso em sala de aula, buscando a sua introdução na Educação Matemática brasileira, fazendo bastante apelo ao visual artístico, sem prejuízo da precisão e rigor matemático. Para alcançar esse objetivo, o autor incluiu capítulos específicos, como os de criação e de exploração de fractais, de manipulação de material concreto, de relacionamento com o triângulo de Pascal, e particularmente um com recursos computacionais com *softwares* educacionais em uso no Brasil. A inserção de dados e comentários históricos tornam o texto de interessante leitura. Anexo ao livro é fornecido o CD-Nfract, de Francesco Artur Perrotti, para construção dos lindos fractais de Mandelbrot e Julia.

Diálogo e aprendizagem em Educação Matemática
Autores: *Helle AlrØ e Ole Skovsmose*

Neste livro, os educadores matemáticos dinamarqueses Helle Alrø e Ole Skovsmose relacionam a qualidade do diálogo em sala de aula com a aprendizagem. Apoiados em ideias de Paulo Freire, Carl Rogers e da Educação Matemática Crítica, esses autores trazem exemplos da sala de aula para substanciar os modelos que propõem acerca das diferentes formas de comunicação na sala de aula. Este livro é mais um passo em direção à internacionalização desta coleção. Este é o terceiro título da coleção no qual autores de destaque do exterior juntam-se aos autores nacionais para debaterem as diversas tendências em Educação Matemática. Skovsmose participa ativamente da comunidade brasileira, ministrando disciplinas, participando de conferências e interagindo com estudantes e docentes do Programa de Pós-Graduação em Educação Matemática da Unesp, em Rio Claro.

Didática da Matemática – Uma análise da influência francesa
Autor: *Luiz Carlos Pais*

Neste livro, Luiz Carlos Pais apresenta aos leitores conceitos fundamentais de uma tendência que ficou conhecida como "Didática Francesa". Educadores matemáticos franceses, na sua maioria, desenvolveram um modo próprio de ver a educação centrada na questão do ensino da Matemática. Vários educadores matemáticos do Brasil adotaram alguma versão dessa tendência ao trabalharem com concepções dos alunos, com formação de professores, entre outros temas. O autor é um dos maiores especialistas no país nessa tendência, e o leitor verá isso ao se familiarizar com conceitos como transposição didática, contrato didático, obstáculos epistemológicos e engenharia didática, dentre outros.

Educação a Distância *online*
Autores: *Marcelo de Carvalho Borba, Ana Paula dos Santos Malheiros, Rúbia Barcelos Amaral*

Neste livro, os autores apresentam resultados de mais de oito anos de experiência e pesquisas em Educação a Distância *online* (EaDonline), com exemplos de cursos ministrados para professores de Matemática. Além de cursos, outras práticas pedagógicas, como comunidades virtuais de aprendizagem e o desenvolvimento de projetos de modelagem realizados a distância, são descritas. Ainda que os três autores deste livro sejam da área de Educação Matemática, algumas das discussões nele apresentadas, como formação de professores, o papel docente em EaDonline, além de questões de metodologia de pesquisa qualitativa, podem ser adaptadas a outras áreas do conhecimento. Neste sentido, esta obra se dirige àquele que ainda não está familiarizado com a EaDonline e também àquele que busca refletir de forma mais intensa sobre sua prática nesta modalidade educacional. Cabe destacar que os três autores têm ministrado aulas em ambientes virtuais de aprendizagem.

Educação Estatística - Teoria e prática em ambientes de modelagem matemática
Autores: *Celso Ribeiro Campos, Maria Lúcia Lorenzetti Wodewotzki, Otávio Roberto Jacobini*

Este livro traz ao leitor um estudo minucioso sobre a Educação Estatística e oferece elementos fundamentais para o ensino e a aprendizagem em sala de aula dessa disciplina, que vem se difundindo e já integra a grade curricular dos ensinos fundamental e médio. Os autores apresentam aqui o que apontam as pesquisas desse campo, além de fomentarem discussões acerca das teorias e práticas em interface com a modelagem matemática e a educação crítica.

Educação Matemática de Jovens e Adultos – Especificidades, desafios e contribuições
Autora: *Maria da Conceição F. R. Fonseca*

Neste livro, Maria da Conceição F. R. Fonseca apresenta ao leitor uma visão do que é a Educação de Adultos e de que forma essa se entrelaça com a Educação Matemática. A autora traz para o leitor reflexões atuais feitas por ela e por outros educadores que são referência na área de Educação de Jovens e Adultos no país. Este quinto volume da coleção "Tendências em Educação Matemática" certamente irá impulsionar a pesquisa e a reflexão sobre o tema, fundamental para a compreensão da questão do ponto de vista social e político.

Etnomatemática – Elo entre as tradições e a modernidade
Autor: *Ubiratan D'Ambrosio*

Neste livro, Ubiratan D'Ambrosio apresenta seus mais recentes pensamentos sobre Etnomatemática, uma tendência da qual é um dos fundadores. Ele propicia ao leitor uma análise do papel da Matemática na cultura ocidental e da noção de que Matemática é apenas uma forma de Etnomatemática. O autor discute como a análise desenvolvida é relevante para a sala de aula. Faz ainda um arrazoado de diversos trabalhos na área já desenvolvidos no país e no exterior.

Etnomatemática em movimento
Autoras: *Gelsa Knijnik, Fernanda Wanderer, Ieda Maria Giongo, Claudia Glavam Duarte*

Integrante da coleção "Tendências em Educação Matemática", este livro traz ao público um minucioso estudo sobre os rumos da Etnomatemática, cuja referência principal é o brasileiro Ubiratan D'Ambrosio. As ideias aqui discutidas tomam como base o desenvolvimento dos estudos etnomatemáticos e a forma como o movimento de continuidades e deslocamentos tem marcado esses trabalhos, centralmente ocupados em questionar a política do conhecimento dominante. As autoras refletem aqui sobre as discussões atuais em torno das pesquisas etnomatemáticas e o percurso tomado sobre essa vertente da Educação Matemática, desde seu surgimento, nos anos 1970, até os dias atuais.

Fases das tecnologias digitais em Educação Matemática – Sala de aula e internet em movimento
Autores: *Marcelo de Carvalho Borba, Ricardo Scucuglia Rodrigues da Silva, George Gadanidis*

Com base em suas experiências enquanto docentes e pesquisadores, associadas a uma análise acerca das principais pesquisas desenvolvidas no Brasil sobre o uso de tecnologias digitais no ensino e aprendizagem de Matemática, os autores apresentam uma perspectiva fundamentada em quatro fases. Inicialmente, os leitores encontram uma descrição sobre cada uma dessas fases, o que inclui a apresentação de visões teóricas e exemplos de atividades matemáticas características em cada momento. Baseados na "perspectiva das quatro fases", os autores discutem questões sobre o atual momento (quarta fase). Especificamente, eles exploram o uso do *software* GeoGebra no estudo do conceito de derivada, a utilização da internet em sala de aula e a noção denominada performance matemática digital, que envolve as artes.

Este livro, além de sintetizar de forma retrospectiva e original uma visão sobre o uso de tecnologias em Educação Matemática, resgata e compila de maneira exemplificada questões teóricas e propostas de atividades, apontando assim inquietações importantes sobre o presente e o futuro da sala de aula de Matemática. Portanto, esta obra traz assuntos potencialmente interessantes para professores e pesquisadores que atuam na Educação Matemática.

Filosofia da Educação Matemática
Autores: *Maria Aparecida Viggiani Bicudo, Antonio Vicente Marafioti Garnica*

Neste livro, Maria Bicudo e Antonio Vicente Garnica apresentam ao leitor suas ideias sobre Filosofia da Educação Matemática. Eles propiciam ao leitor a oportunidade de refletir sobre questões relativas à Filosofia da Matemática, à Filosofia da Educação e mostram as novas perguntas que definem essa tendência em Educação Matemática. Neste livro, em vez de ver a Educação Matemática sob a ótica da Psicologia ou da própria Matemática, os autores a veem sob a ótica da Filosofia da Educação Matemática.

Formação matemática do professor – Licenciatura e prática docente escolar
Autores: *Plinio Cavalcante Moreira e Maria Manuela M. S. David*

Neste livro, os autores levantam questões fundamentais para a formação do professor de Matemática. Que Matemática deve o professor de Matemática estudar? A acadêmica ou aquela que é ensinada na escola? A partir de perguntas como essas, os autores questionam essas opções dicotômicas e apontam um terceiro caminho a ser seguido. O livro apresenta diversos exemplos do modo como os conjuntos numéricos são trabalhados na escola e na academia. Finalmente, cabe lembrar que esta publicação inova ao integrar o livro com a internet. No site da editora www.autenticaeditora.com.br, procure por Educação Matemática e pelo título "A formação matemática do professor: licenciatura e prática docente escolar", onde o leitor pode encontrar alguns textos complementares ao livro e apresentar seus comentários, críticas e sugestões, estabelecendo, assim, um diálogo online com os autores.

História na Educação Matemática – Propostas e desafios
Autores: *Antonio Miguel e Maria Ângela Miorim*

Neste livro, os autores discutem diversos temas que interessam ao educador matemático. Eles abordam História da Matemática, História da Educação Matemática e como essas duas regiões de inquérito podem se relacionar com a Educação Matemática. O leitor irá notar que eles também apresentam uma visão sobre o que é História e abordam esse difícil tema de uma forma acessível ao leitor interessado no assunto. Este décimo volume da coleção certamente transformará a visão do leitor sobre o uso de História na Educação Matemática.

Informática e Educação Matemática
Autores: *Marcelo de Carvalho Borba, Miriam Godoy Penteado*

Os autores tratam de maneira inovadora e consciente da presença da informática na sala de aula quando do ensino de Matemática. Sem prender-se a clichês que entusiasmadamente apoiam o uso de computadores para o ensino de Matemática ou criticamente negam qualquer uso desse tipo, os autores citam exemplos práticos, fundamentados em explicações teóricas objetivas, de como se pode relacionar Matemática e informática em sala de aula. Tratam também de questões políticas relacionadas à adoção de computadores e calculadoras gráficas para o ensino de Matemática.

Interdisciplinaridade e aprendizagem da Matemática em sala de aula
Autores: *Vanessa Sena Tomaz e Maria Manuela M. S. David*

Como lidar com a interdisciplinaridade no ensino da Matemática? De que forma o professor pode criar um ambiente favorável que o ajude a perceber o que e como seus alunos aprendem? Essas são algumas das questões elucidadas pelas autoras neste livro, voltado não só para os envolvidos com Educação Matemática como também para os que se interessam por educação em geral. Isso porque um dos benefícios deste trabalho é a compreensão de que a Matemática está sendo chamada a engajar-se na crescente preocupação com a formação integral do aluno como cidadão, o que chama a atenção para a necessidade de tratar o ensino da disciplina levando-se em conta a complexidade do contexto social e a riqueza da visão interdisciplinar na relação entre ensino e aprendizagem, sem deixar de lado os desafios e as dificuldades dessa prática.

Para enriquecer a leitura, as autoras apresentam algumas situações ocorridas em sala de aula que mostram diferentes abordagens interdisciplinares dos conteúdos escolares e oferecem elementos para que os professores e os formadores de professores criem formas cada vez mais produtivas de se ensinar e inserir a compreensão matemática na vida do aluno.

Investigações matemáticas na sala de aula
Autores: *João Pedro da Ponte, Joana Brocardo, Hélia Oliveira*

Neste livro, os autores – todos portugueses – analisam como práticas de investigação desenvolvidas por matemáticos podem ser trazidas para a sala de aula. Eles mostram resultados de pesquisas ilustrando as vantagens e dificuldades de se trabalhar com tal perspectiva em Educação Matemática. Geração de conjecturas, reflexão e formalização do conhecimento são aspectos discutidos pelos autores ao analisarem os papéis de alunos e professores em sala de aula quando lidam com problemas em áreas como geometria, estatística e aritmética.

Lógica e linguagem cotidiana – Verdade, coerência, comunicação, argumentação

Autores: *Nílson José Machado e Marisa Ortegoza da Cunha*

Neste livro, os autores buscam ligar as experiências vividas em nosso cotidiano a noções fundamentais tanto para a Lógica como para a Matemática. Através de uma linguagem acessível, o livro possui uma forte base filosófica que sustenta a apresentação sobre Lógica e certamente ajudará a coleção a ir além dos muros do que hoje é denominado Educação Matemática. A bibliografia comentada permitirá que o leitor procure outras obras para aprofundar os temas de seu interesse, e um índice remissivo, no final do livro, permitirá que o leitor ache facilmente explicações sobre vocábulos como contradição, dilema, falácia, proposição e sofisma. Embora este livro seja recomendado a estudantes de cursos de graduação e de especialização, em todas as áreas, ele também se destina a um público mais amplo. Visite também o site: *<www.rc.unesp.br/igce/pgem/gpimem.html>*.

Matemática e arte

Autor: *Dirceu Zaleski Filho*

Neste livro, Dirceu Zaleski Filho propõe reaproximar a Matemática e a arte no ensino. A partir de um estudo sobre a importância da relação entre essas áreas, o autor elabora aqui uma análise da contemporaneidade e oferece ao leitor uma revisão integrada da História da Matemática e da História da Arte, revelando o quão benéfica sua conciliação pode ser para o ensino. O autor sugere aqui novos caminhos para a Educação Matemática, mostrando como a Segunda Revolução Industrial – a eletroeletrônica, no século XXI – e a arte de Paul Cézanne, Pablo Picasso e, em especial, Piet Mondrian contribuíram para essa reaproximação, e como elas podem ser importantes para o ensino de Matemática em sala de aula.

Matemática e arte é um livro imprescindível a todos os professores, alunos de graduação e de pós-graduação e, fundamentalmente, para professores da Educação Matemática.

Modelagem em Educação Matemática

Autores: *João Frederico da Costa de Azevedo Meyer, Ademir Donizeti Caldeira, Ana Paula dos Santos Malheiros*

A partir de pesquisas e da experiência adquirida em sala de aula, os autores deste livro oferecem aos leitores reflexões sobre aspectos da Modelagem e suas relações com a Educação Matemática. Esta obra mostra como essa disciplina pode funcionar como uma estratégia na qual o aluno ocupa lugar central na escolha de seu currículo.

Os autores também apresentam aqui a trajetória histórica da Modelagem e provocam discussões sobre suas relações, possibilidades e perspectivas em sala de aula, sobre diversos paradigmas educacionais e sobre a formação de professores. Para eles, a Modelagem deve ser datada, dinâmica, dialógica e diversa. A presente obra oferece um minucioso estudo sobre as bases teóricas e práticas da Modelagem e, sobretudo, a aproxima dos professores e alunos de Matemática.

O uso da calculadora nos anos iniciais do ensino fundamental
Autoras: *Ana Coelho Vieira Selva e Rute Elizabete de Souza Borba*

Neste livro, Ana Selva e Rute Borba abordam o uso da calculadora em sala de aula, desmistificando preconceitos e demonstrando a grande contribuição dessa ferramenta para o processo de aprendizagem da Matemática. As autoras apresentam pesquisas, analisam propostas de uso da calculadora em livros didáticos e descrevem experiências inovadoras em sala de aula em que a calculadora possibilitou avanços nos conhecimentos matemáticos dos estudantes dos anos iniciais do ensino fundamental. Trazem também diversas sugestões de uso da calculadora na sala de aula que podem contribuir para um novo olhar, por parte dos professores, para o uso dessa ferramenta no cotidiano da escola.

Pesquisa Qualitativa em Educação Matemática
Organizadores: *Marcelo de Carvalho Borba, Jussara de Loiola Araújo*

Os autores apresentam, neste livro, algumas das principais tendências no que tem sido denominado "Pesquisa Qualitativa em Educação Matemática". Essa visão de pesquisa está baseada na ideia de que há sempre um aspecto subjetivo no conhecimento produzido. Não há, nessa visão, neutralidade no conhecimento que se constrói. Os quatro capítulos explicam quatro linhas de pesquisa em Educação Matemática, na vertente qualitativa, que são representativas do que de importante vem sendo feito no Brasil. São capítulos que revelam a originalidade de seus autores na criação de novas direções de pesquisa.

Psicologia na Educação Matemática
Autor: *Jorge Tarcísio da Rocha Falcão*

Neste livro, o autor apresenta ao leitor a Psicologia da Educação Matemática, embasando sua visão em duas partes. Na primeira, ele discute temas como psicologia do desenvolvimento e psicologia escolar e da aprendizagem, mostrando como um novo domínio emerge dentro dessas áreas mais tradicionais. Em segundo lugar, são apresentados resultados de pesquisa, fazendo a conexão com a prática daqueles que militam na sala de aula. O autor defende a especificidade deste novo domínio, na medida em que é relevante considerar o objeto da aprendizagem, e sugere que a leitura deste livro seja complementada por outros desta coleção, como *Didática da Matemática: uma análise da influência francesa, Informática* e *Educação Matemática* e *Filosofia da Educação Matemática.*

Relações de gênero, Educação Matemática e discurso – Enunciados sobre mulheres, homens e matemática

Autoras: *Maria Celeste Reis Fernandes de Souza, Maria da Conceição F. R. Fonseca*

Neste livro, as autoras nos convidam a refletir sobre o modo como as relações de gênero permeiam as práticas educativas, em particular as que se constituem no âmbito da Educação Matemática. Destacando o caráter discursivo dessas relações, a obra entrelaça os conceitos de *gênero, discurso* e *numeramento* para discutir enunciados envolvendo mulheres, homens e Matemática. As autoras elegeram quatro enunciados que circulam recorrentemente em diversas práticas sociais: "Homem é melhor em Matemática (do que mulher)"; "Mulher cuida melhor... mas precisa ser cuidada"; "O que é escrito vale mais" e "Mulher também tem direitos". A análise que elas propõem aqui mostra como os discursos sobre relações de gênero e matemática repercutem e produzem desigualdades, impregnando um amplo espectro de experiências que abrange aspectos afetivos e laborais da vida doméstica, relações de trabalho e modos de produção, produtos e estratégias da mídia, instâncias e preceitos legais e o cotidiano escolar.

Tendências internacionais em formação de professores de Matemática

Organizador: *Marcelo de Carvalho Borba*

Neste livro, alguns dos mais importantes pesquisadores em Educação Matemática, que trabalham em países como África do Sul, Estados Unidos, Israel, Dinamarca e diversas Ilhas do Pacífico, nos trazem resultados dos trabalhos desenvolvidos. Esses resultados e os dilemas apresentados por esses autores de renome internacional são complementados pelos comentários que Marcelo C. Borba faz na apresentação, buscando relacionar as experiências deles com aquelas vividas por nós no Brasil. Borba aproveita também para propor alguns problemas em aberto, que não foram tratados por eles, além de destacar um exemplo de investigação sobre a formação de professores de Matemática que foi desenvolvida no Brasil.

Este livro foi composto com tipografia Minion Pro e impresso
em papel Off-White 70 g/m² na Formato Artes Gráficas.